国家职业技能等级认定培训教材
高技能人才培养用书

工业机器人系统操作员

（中级）

国家职业技能等级认定培训教材编审委员会　组编

主　编　刘志辉　王枫清　郝鑫虎
副主编　王　建　王继文　卫家鹏
参　编　史海威　边　疆　蔡四龙
　　　　李祥宾　徐雅兰　高慧芳

机械工业出版社

本书是依据《国家职业技能标准工业机器人系统操作员》对工业机器人系统操作员（中级）的知识要求和技能要求，按照岗位培训需要的原则编写的。主要内容包括：机械系统装调、电气系统装调、系统操作与编程调试。本书将理论知识与典型案例有机结合，大大增强了内容的实用性；技能训练选取了中级工必备技能，大大增强了学习的针对性。

本书主要用作企业培训部门、职业技能等级认定机构、再就业和农民工培训机构的教材，也可作为高级技工学校、技师学校和各种短训班的教学用书。

图书在版编目（CIP）数据

工业机器人系统操作员：中级 / 刘志辉，王枫清，郝鑫虎主编. -- 北京 ：机械工业出版社，2024. 6.
（国家职业技能等级认定培训教材）（高技能人才培养用书）. -- ISBN 978-7-111-76156-3

Ⅰ. TP242. 2

中国国家版本馆 CIP 数据核字第 2024JP7488 号

机械工业出版社（北京市百万庄大街 22 号　邮政编码 100037）
策划编辑：王振国　　　　　责任编辑：王振国　赵晓峰
责任校对：樊钟英　薄萌钰　封面设计：马若濛
责任印制：常天培
北京机工印刷厂有限公司印刷
2024 年 8 月第 1 版第 1 次印刷
184mm×260mm · 10. 5 印张 · 256 千字
标准书号：ISBN 978-7-111-76156-3
定价：49. 80 元

电话服务　　　　　　　　　　网络服务
客服电话：010-88361066　　机　工　官　网：www. cmpbook. com
　　　　　010-88379833　　机　工　官　博：weibo. com/cmp1952
　　　　　010-68326294　　金　　书　　网：www. golden-book. com
封底无防伪标均为盗版　　机工教育服务网：www. cmpedu. com

国家职业技能等级认定培训教材

编审委员会

序

新中国成立以来，技术工人队伍建设一直得到了党和政府的高度重视。20世纪五六十年代，我们借鉴苏联经验建立了技能人才的“八级工”制，培养了一大批身怀绝技的“大师”与“大工匠”。“八级工”不仅待遇高，而且深受社会尊重，成为那个时代的骄傲，吸引与带动了一批批青年技能人才锲而不舍地钻研技术、攀登高峰。

进入新时期，高技能人才发展上升为兴企强国的国家战略。从2003年全国第一次人才工作会议，明确提出高技能人才是国家人才队伍的重要组成部分，到2010年颁布实施《国家中长期人才发展规划纲要（2010—2020年）》，加快高技能人才队伍建设与发展成为举国的意志与战略之一。

习近平总书记强调，劳动者素质对一个国家、一个民族发展至关重要。技术工人队伍是支撑中国制造、中国创造的重要基础，对推动经济高质量发展具有重要作用。党的十八大以来，党中央、国务院健全技能人才培养、使用、评价、激励制度，大力发展技工教育，大规模开展职业技能培训，加快培养大批高素质劳动者和技术技能人才，使更多社会需要的技能人才、大国工匠不断涌现，推动形成了广大劳动者学习技能、报效国家的浓厚氛围。

2019年国务院办公厅印发了《职业技能提升行动方案（2019—2021年）》，目标任务是2019年至2021年，持续开展职业技能提升行动，提高培训针对性和实效性，全面提升劳动者职业技能水平和就业创业能力。三年共开展各类补贴性职业技能培训5000万人次以上，其中2019年培训1500万人次以上；经过努力，到2021年底技能劳动者占就业人员总量的比例达到25%以上，高技能人才占技能劳动者的比例达到30%以上。

目前，我国技术工人（技能劳动者）已超过2亿人，其中高技能人才超过5000万人，在全面建成小康社会、新兴战略产业不断发展的今天，建设高技能人才队伍的任务十分重要。

机械工业出版社一直致力于技能人才培训用书的出版，先后出版了一系列具有行业影响力，深受企业、读者欢迎的教材。欣闻配合新的《国家职业技能标准》又编写了“国家职业技能等级认定培训教材”。这套教材由全国各地技能培训和考评专家编写，具有权威性和代表性；将理论与技能有机结合，并紧紧围绕《国家职业技能标准》的知识要求和技能要求编写，实用性、针对性强，既有必备的理论知识和技能知识，又有考核鉴定的理论和技能题库及答案；而且这套教材根据需要为部分教材配备了二维码，扫描书中的二维码便可观看相应资源；这套教材还配合天工讲堂开设了在线课程、在线题库，配套齐全，编排科学，便于培训和检测。

这套教材的出版非常及时，为培养技能型人才做了一件大好事，我相信这套教材一定会为我国培养更多更好的高素质技术技能型人才做出贡献！

中华全国总工会副主席

高凤林

前　言

《国务院关于大力推进职业教育改革与发展的决定》中明确指出："要严格实施就业准入制度，加强职业教育与劳动就业的联系"。职业技能等级证书已逐步成为就业的通行证，是通向就业之门的金钥匙。职业技能等级证书的取证人员日益增多，为了更好地服务于就业，推动职业技能等级认定制度的实施和推广，加快技能人才的培养，我们组织有关专家、学者和高级技师编写了《工业机器人系统操作员（中级）》培训教材，为广大取证人员提供了有价值的参考资料。

在本书的编写过程中，我们始终坚持以下3个原则：

1. 严格遵照《国家职业技能标准》中关于各专业和各等级的标准，坚持标准化，力求使内容覆盖职业技能等级认定的各项要求。

2. 坚持以培养技能人才为方向，从职业（岗位）分析入手，紧紧围绕国家职业技能等级认定题库，既系统又全面、注重理论联系实际、力求满足各个级别取证人员的需求、突出教材的实用性。

3. 内容新颖、突出时代感，力求较多地采用新知识、新技术、新工艺、新方法等，树立以取证人员为主体的编写理念，使本书内容具有创新性，使教材简明易懂，为广大读者所乐用。

我们真诚希望本书能够成为取证人员的良师益友，为广大取证人员服好务，真正实现"一书在手，证书可求"。

由于本书涉及内容较多，新技术、新装备发展非常迅速，加之编者水平有限，恳请广大读者对本书提出宝贵的意见和建议，以便修订时加以完善。

编　者

目　　录

项目1

机械系统装调

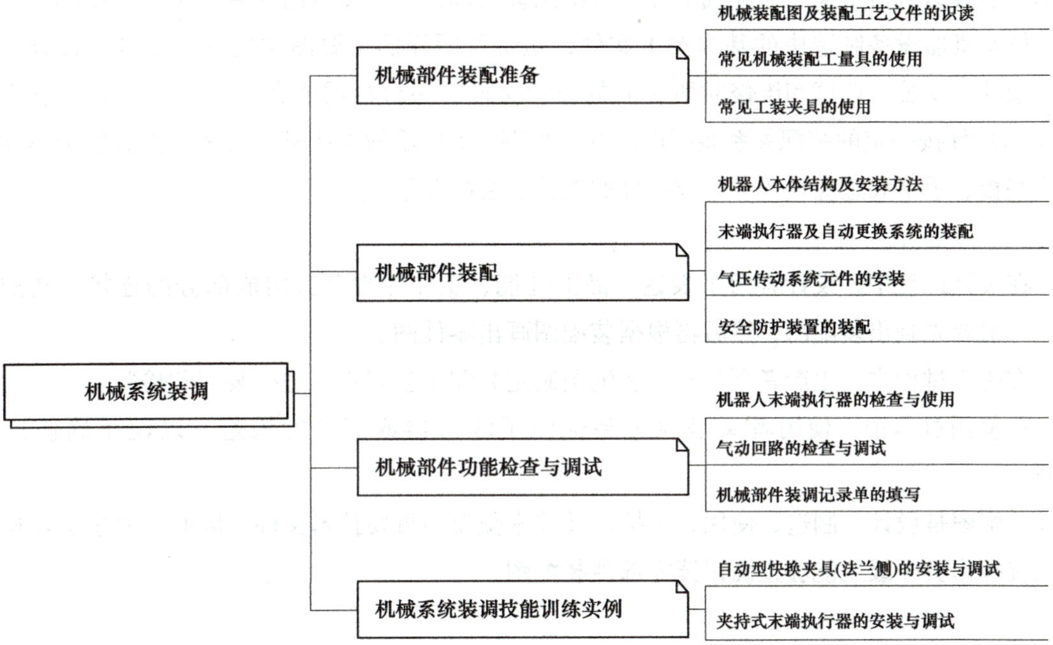

知识目标：

1. 掌握机械零部件装配图和装配工艺文件的识读方法。
2. 掌握机械装配工量具的使用方法。
3. 掌握工装夹具的使用方法。

技能目标：

1. 能根据机械部件装配要求选用装配工具、工装夹具。
2. 能根据工艺要求安装工业机器人并装配其末端执行器。
3. 能按照工艺要求检查、调试工装夹具和末端执行器。

1.1 机械部件装配准备

1.1.1 机械装配图及装配工艺文件的识读

【相关知识】

一、认识装配图

1. 装配图的概念

装配图是用来表达部件或机器的一种图样，表达整台机器或设备的装配图称为总装配图或总图，表达机器中某一部件或组件的装配图称为部件装配图或组件装配图。装配图与零件图一样是机器设备制造中的基本技术文件，是工程图样的主要图样之一，是进行设计、装配、检验、安装、调试和维修时所必需的技术文件。一台机器或者一个部件都是由若干个零（部）件按一定的装配关系装配而成的，如图 1-1 所示的工业机器人平行夹具装配图就展示了基板、手爪和感应块等各组成部分的连接、装配关系。

2. 装配图的作用

在设计过程中，设计者为了表达产品的性能、工作原理及其组成部分的连接、装配关系，一般要先画出装配图，然后再根据装配图画出零件图。

在生产过程中，生产者则是根据装配图制定装配工艺规程，进行装配和检验。

在使用过程中，使用者又是通过装配图了解机器或部件的构造，以便正确使用和维修。

装配图是设计、制造、使用、维护以及技术交流的重要技术文件。因此，要求工业机器人系统操作员中级工能够正确识读零部件装配图。

3. 装配图的内容

根据以上所述，结合图 1-2 所示装配图，可以看出，一张完整的装配图一般应具有以下内容：

（1）一组视图　应当选用一组恰当的视图来表达机器或部件的工作原理，各零件之间的装配、连接关系和零件的主要结构、形状等。

零件的表达方法中视图、剖视图和断面图等同样适用于装配图，一般主视图以表达部件的工作原理和主要装配关系为重点，且采用适当的剖视。根据确定的主视图，其他视图能反映尚未表达清楚的其他装配关系、外形及局部结构，并选取适当的剖视图表达各零件的内在联系。

在装配图中，为了便于区分不同零件，正确理解零件之间的装配关系，国家标准对装配图做了必要的要求，如图 1-3 所示。

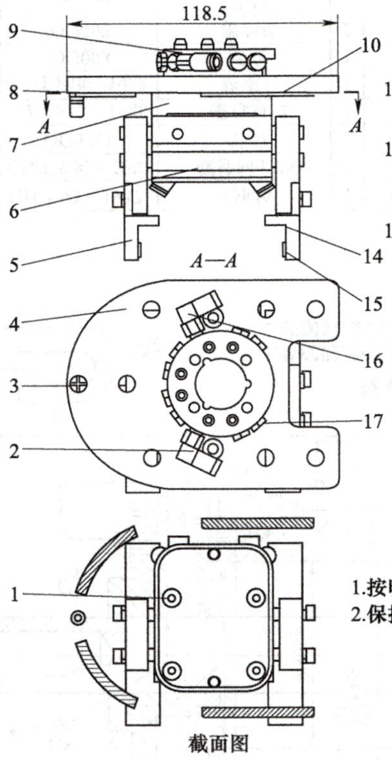

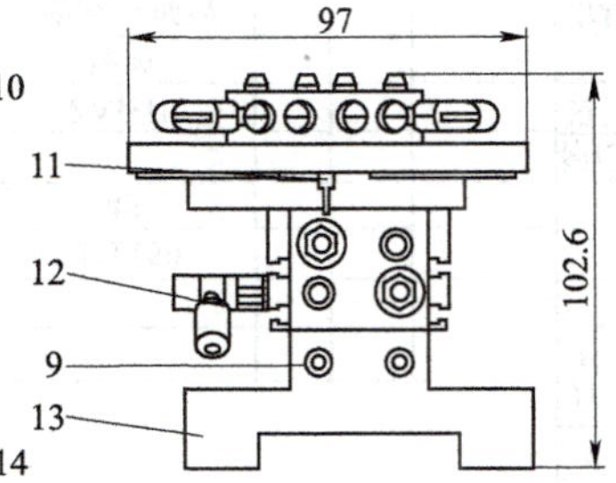

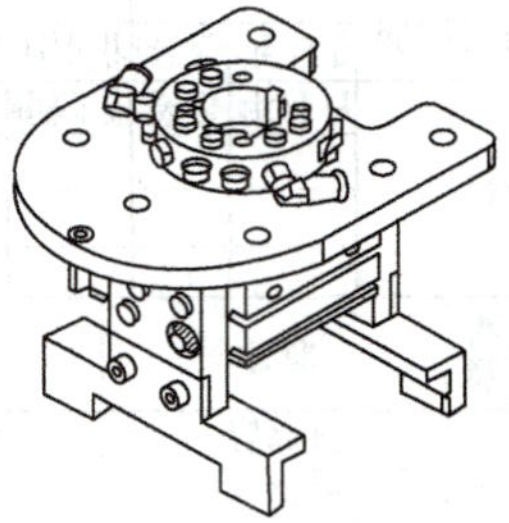

技术要求

1.按明细栏装配完成。

2.保护表面。

序号	代号	名称	数量	材料(规格)	件数	总计	备注
17		堵头	8	M–5P			
16		内六角圆柱头螺钉	6	M5×10，不锈钢			
15		手爪胶垫一	4	黑色硅橡胶			
14		手爪胶垫二	2	黑色硅橡胶			
13		自动型快换夹具(夹具侧)	1	0X–03A–1			
12		单向节流阀	2	J–AS1201F–M5–04			
11		感应块	2	AL6063			
10		基板硅胶1	2	硅胶(黑色)			
9		轻型弹簧垫圈	4	ϕ4.1mm不锈钢			
8		基板硅胶2	2	硅胶(黑色)			
7		气爪垫板	1	AL6063			
6		大口机械夹	1	HDT–1020			
5		手爪	2	AL6063			
4		基板	1	AL6063			
3		十字槽沉头螺钉	1	M3×8，不锈钢			
2		外螺弯接头	2	J–KQ2L04–M5			
1		内六角圆柱头螺钉	8	M4×10，不锈钢			
					重量		

						(材料标记)	(单位名称)
标记	处数	分区	更改文件	签名	年月日		
设计	(签名)	(年月日)	标准化	(签名)	(年月日)	阶段标记　重量　比例	平行夹具装配图
审核							
工艺			批准			共　张　第　张	(图样代号)

图 1-1　工业机器人平行夹具装配图

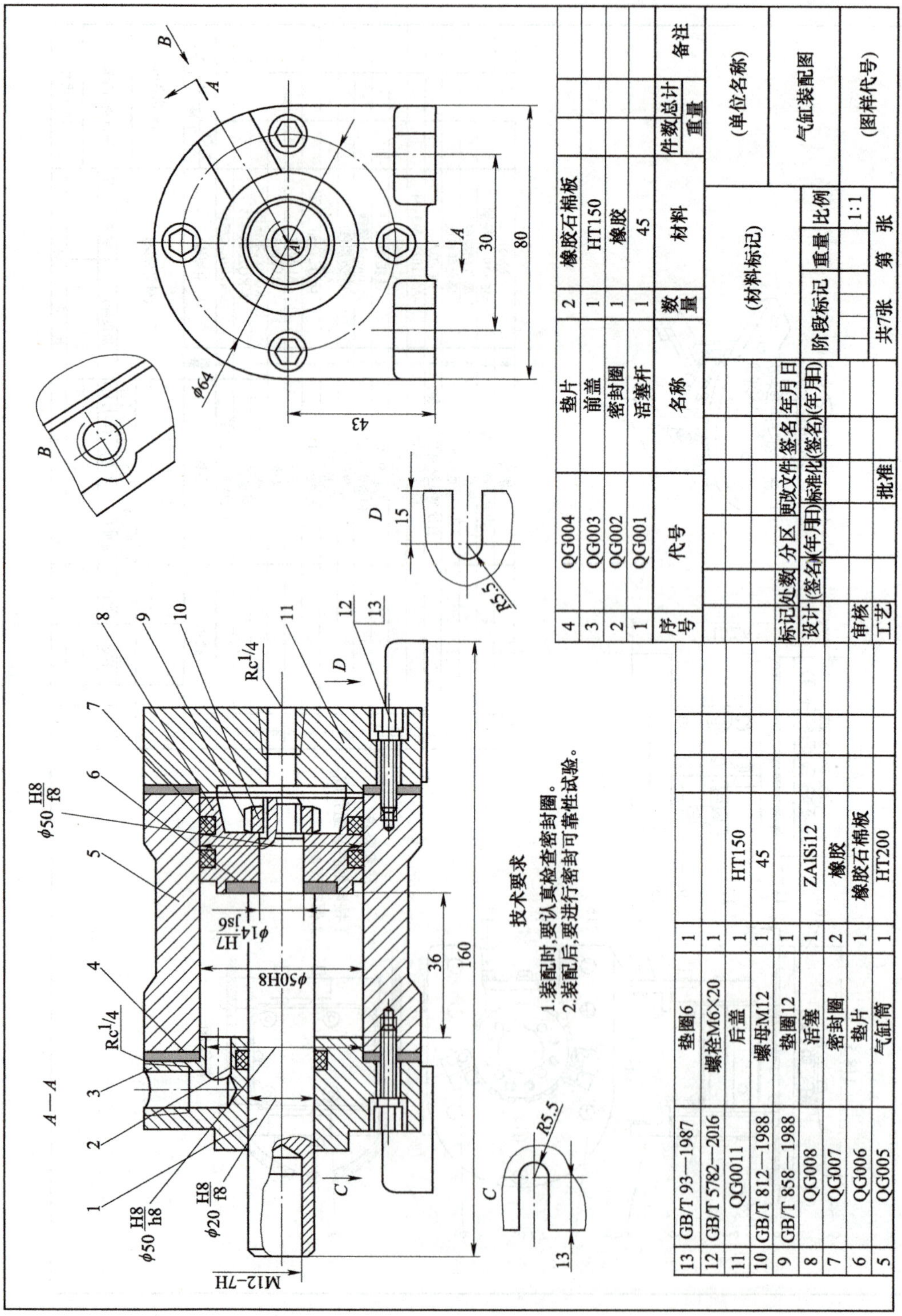
A—A
技术要求
1.装配时,要认真检查密封圈。
2.装配后,要进行密封可靠性试验。
13 GB/T 93—1987 垫圈6 1
12 GB/T 5782—2016 螺栓M6×20 1
11 QG0011 后盖 1 HT150
10 GB/T 812—1988 螺母M12 1 45
9 GB/T 858—1988 垫圈12 1
8 QG008 活塞 1 ZAlSi12
7 QG007 密封圈 2 橡胶
6 QG006 垫片 1 橡胶石棉板
5 QG005 气缸筒 1 HT200
4 QG004 垫片 2 橡胶石棉板
3 QG003 前盖 1 HT150
2 QG002 密封圈 1 橡胶
1 QG001 活塞杆 1 45
序号 代号 名称 数量 材料 件数总计 重量 备注
(材料标记)
(单位名称)
气缸装配图
(图样代号)
标记 处数 分区 更改文件 签名 年月日
设计 (签名)(年月日) 标准化 (签名)(年月日) 阶段标记 重量 比例
1:1
审核
工艺 批准 共7张 第 张

图 1-2 气缸装配图

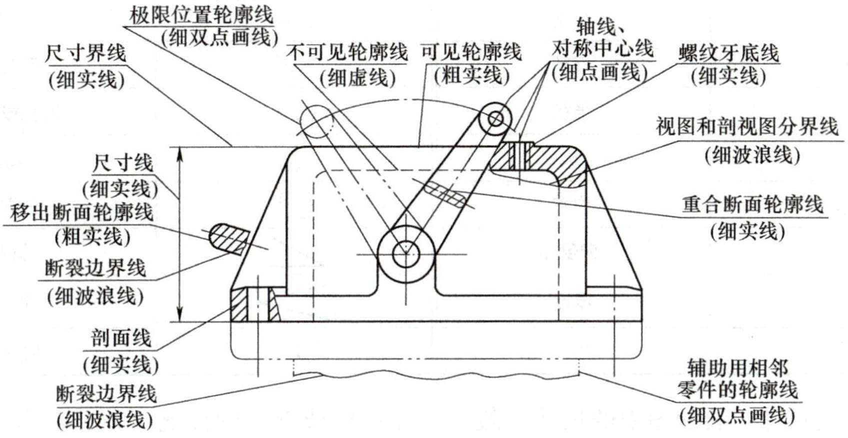

图 1-3　装配图识读

装配图标准线型及符号见表 1-1 和表 1-2。

表 1-1　装配图标准线型

图线名称	线型	图线宽度	一般应用
粗实线	━━━━━━	*d*	1）可见轮廓线 2）可见棱边线
细实线	────────	*d*/2	1）尺寸线及尺寸界线 2）剖面线 3）过渡线
细虚线	- - - - - - - -	*d*/2	1）不可见轮廓线 2）不可见棱边线
细点画线	——·——·——	*d*/2	1）轴线 2）对称中心线 3）剖切线
波浪线	〜〜〜	*d*/2	1）断裂处边界线 2）视图与剖视图的分界线
双折线	—\/—\/—	*d*/2	1）断裂处边界线 2）视图与剖视图的分界线
细双点画线	——··——··——	*d*/2	1）相邻辅助零件的轮廓线 2）可动零件的极限位置的轮廓线 3）成形前轮廓线 4）轨迹线
粗点画线	━━·━━·━━	*d*	限定范围的表示线
粗虚线	━ ━ ━ ━ ━	*d*	允许表面处理的表示线

表 1-2　装配图标准符号

符号	含义	符号	含义
ϕ	直径	⌵	埋头孔
R	半径	⌴	沉孔或锪平
S	球	↧	深度
EQS	均布	□	正方形
C	45°倒角	∠	斜度
t	厚度	▷	锥度
⌒	弧长	○→	展开长

（2）几类尺寸　装配图中的尺寸一般只标注机器或部件的性能（规格）尺寸、外形尺寸、装配尺寸、安装尺寸以及其他重要尺寸。图 1-4 所示为某齿轮泵的尺寸参数。性能（规格）尺寸是指表示装配体的工作性能或产品规格的尺寸，如图 1-4 中的圆锥内螺纹 Rc3/8；装配尺寸是指用以保证机器（或部件）装配性能的尺寸，它包括装配体内零件间的相对位置尺寸和配合尺寸，如图 1-4 中的 24H7/f6 等是配合尺寸，两轴间的尺寸 28mm 和主轴中心到底面的距离 65mm 均是位置尺寸；安装尺寸是指表示部件安装在机器或机器安装在固定基础上需要的尺寸，如图 1-4 中孔中心距 70mm；外形尺寸是指表示装配体所占有空间大小的尺寸，即总长、总宽、总高，如图 1-4 中的 110mm、85mm、95mm；其他重要尺寸是指根据装配体的结构特点和需要标注的尺寸，如运动件的极限尺寸和零件间的主要定位尺寸等，如图 1-4 中的 50mm 和 65mm。

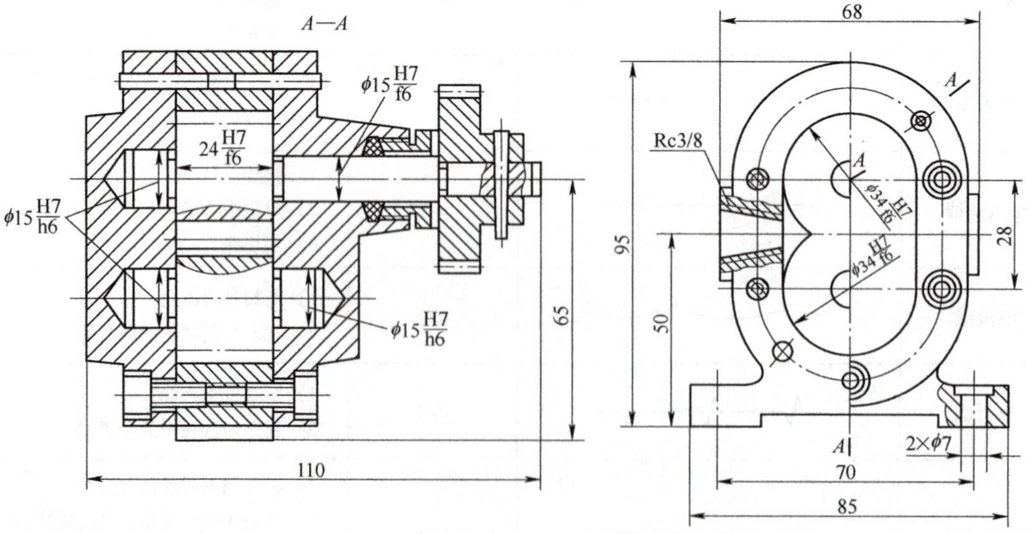

图 1-4　某齿轮泵的尺寸参数

（3）技术要求　用文字或符号说明机器或部件的性能、装配、调试和使用等方面的要求。

（4）零件的序号、明细栏及标题栏　序号是将装配图中各组成零件按一定的格式编号。

明细栏是用作填写零件的序号、代号、名称、数量、材料、质量和备注等。标题栏的内容、格式、尺寸已经标准化，且与零件图的标题栏完全一样，主要填写机器或部件的名称、代号、比例及有关人员的签名等。

二、认识装配工艺文件

装配工艺文件是指导装配人员进行现场装配操作的重要依据，对产品的最终质量有着非常重要的影响，故制作准确详尽的装配工艺文件是装配工艺规划中的一个极其关键的环节。常见的装配工艺文件有装配工序卡、调试工艺卡、作业指导书和装配检验规程等。

1. 装配工序卡

装配工序卡是每道装配工序的实际操作的指导性文件，它明确地规定了装配操作的实际内容和技术要求，并注明了所需使用的工具和材料，同时对零部件还提供图片便于识别。

2. 调试工艺卡

调试工艺卡规定了工业机器人设备调试的操作内容和调整标准。

3. 作业指导书

关键工序、质量控制点的工序文件除装配工序卡外，还有作业指导书供参考。与装配工序卡相比，作业指导书侧重于指导关键工序、质量控制点的控制等操作，比装配工序卡更细致地说明了装配操作内容。

4. 装配检验规程

装配检验规程有两种类型，一种用于关键工序、质量控制点，对控制项目进行检验；另一种用于生产过程中的质量检验，检验员在对工业机器人本体及工作站进行检验时，主要对检验规程中规定的项目进行检验。

【技能操作】——识读工业机器人平行夹具装配图

工业机器人平行夹具装配图如图 1-1 所示。

一、了解总体

1）看标题栏并查找相关资料，了解部件/组件的名称、用途和使用性能。

由装配图中的标题栏可知，该组件名称为平行夹具，是工业机器人的末端执行机构，可用来抓取和放置工件。

2）看零件编号和明细栏，了解零件的名称、数量和它在图中的位置。

由装配图中的明细栏可知，平行夹具由 17 种零件组成，结构并不复杂。

3）初步分析此平行夹具的工作原理。由图可知，夹具工作时由气缸带动手爪伸出或缩回，起到张开和关闭的作用，手爪上装有胶垫，用来保护工件。

二、分析工业机器人平行夹具图样

1）分析视图，弄清各个视图的名称、所采用的表达方法和所表达的主要内容及视图间的投影关系。

该装配图由五个视图组成，轴测图帮助构思和想象物体的形状，说明平行夹具的结构、安装和使用等情况；主视图表达了平行夹具各主要组成部分的位置和连接关系；左视图表达了手爪与气缸的连接方式以及节流阀的安装位置；*A—A* 视图则表达了基板与快换夹具的位置和连接关系；最下面的截面图表达了气爪垫板轮廓形状和连接关系。

2）确定零件的作用。将零件按作用分类如下：

①手爪、手爪胶垫：组成手爪。

②基板、气爪垫板：起支撑、定位、安装和连接作用。

③基板硅胶：起缓冲作用。

④感应块：传感模块。

⑤螺钉：紧固手爪、基板等。

⑥单向节流阀、堵头、外螺弯接头、大口机械夹：气路连接，完成功能。

⑦自动型快换夹具：实现末端执行器的快速更换。

3）相互位置、连接和固定方式。由装配图可知，该组件各部分均采用螺纹连接，通过螺钉和外螺纹进行紧固连接。

三、阅读尺寸和技术要求

1）由装配图可知，平行夹具总长118.5mm，总高102.6mm，总宽97mm。

2）读技术要求并预测部件装配过程。

1.1.2 常见机械装配工量具的使用

【相关知识】

一、常用量具

1. 钢直尺

钢直尺用于测量零件的长度尺寸，它的测量结果不太准确。这是由于钢直尺的刻线间距为1mm，而刻线本身的宽度就有0.1~0.2mm，所以测量时读数误差比较大，只能读出毫米数，即它的分度值为1mm，比1mm小的数值，只能估计而得。如图1-5所示。

图1-5 钢直尺

2. 塞尺

塞尺主要用来检验机床特别紧固面和紧固面、活塞与气缸、活塞环槽和活塞环、十字头滑板和导板、进排气阀顶端和摇臂、齿轮啮合间隙等两个结合面之间的间隙大小。塞尺由许多层厚薄不一的薄钢片组成。按照塞尺的组别制成一把一把的塞尺，每把塞尺中的每片具有两个平行的测量平面，且都有厚度标记，以供组合使用。如图1-6所示。

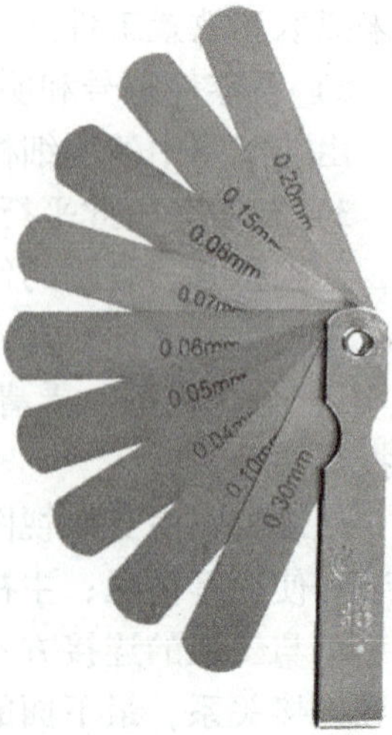

图1-6 塞尺

3. 游标卡尺

游标卡尺是工业上常用的测量长度的仪器，它由尺身及能在尺身上滑动的游标组成，如图1-7所示。若从背面看，游标是一个整体。游标与尺身之间有一弹簧片，利用弹簧片的弹力使游标与尺身靠紧。游标上部有一紧固螺钉，可将游标固定在尺身上的任意位置。尺身和游标都有量爪，利用内测量爪可以测量槽的宽度和管的内径，利用外测量爪可以测量零件的厚度和管的外径。深度尺与游标尺连在一起，可以测量槽和筒的深度。

4. 千分尺

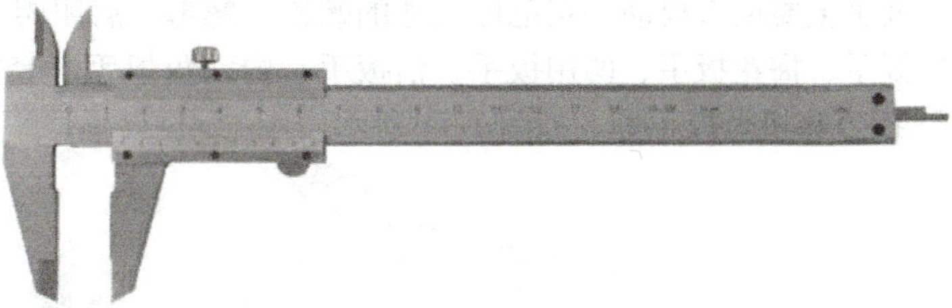

图 1-7　游标卡尺

千分尺是比游标卡尺更精密的测量长度的工具，用它测长度可以精确到 0.01mm，测量范围为几个厘米。它的一部分加工成螺距为 0.5mm 的螺纹，当它在固定套管的螺套中转动时，将前进或后退，活动套管和螺杆连成一体，其周边等分成 50 个分格。螺杆转动的整圈数由固定套管上间隔 0.5mm 的刻线测量，不足一圈的部分由活动套管周边的刻线测量，最终测量结果需要估读一位小数。如图 1-8 所示。

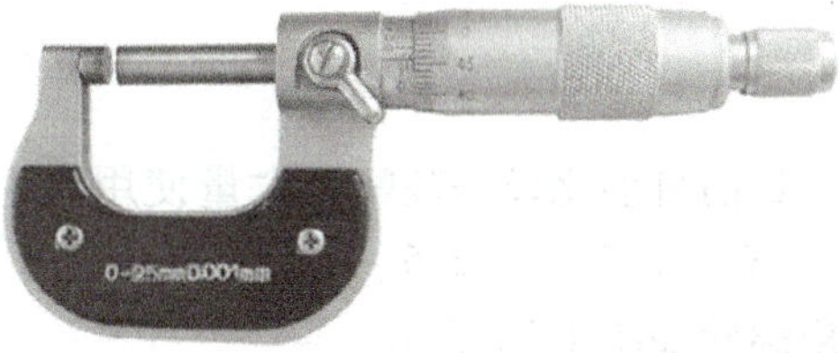

图 1-8　千分尺

5. 百分表

百分表是利用精密齿条齿轮机构制成的表式通用长度测量工具。通常由测头、量杆、防振弹簧、齿条、齿轮、游丝、圆表盘及指针等组成。百分表的工作原理是将被由测尺寸引起的测杆微小直线移动，经过齿轮传动放大变为指针在刻度盘上的转动，从而读出被测尺寸的大小。百分表是利用齿条齿轮或杠杆齿轮传动，将测杆的直线位移变为指针的角位移的计量器具，如图 1-9 所示。

二、常用工具

1. 手钳类工具

手钳是用来夹持零件、切断金属丝、剪切金属薄片或将金属薄片、金属丝弯曲成所需形状的常用手工工具。手钳的规格是指钳身长度（单位为 mm）。手钳类工具按用途可分为钢丝钳、尖嘴钳、扁嘴钳、圆嘴钳和弯嘴钳等。如图 1-10 所示。

图 1-9　百分表

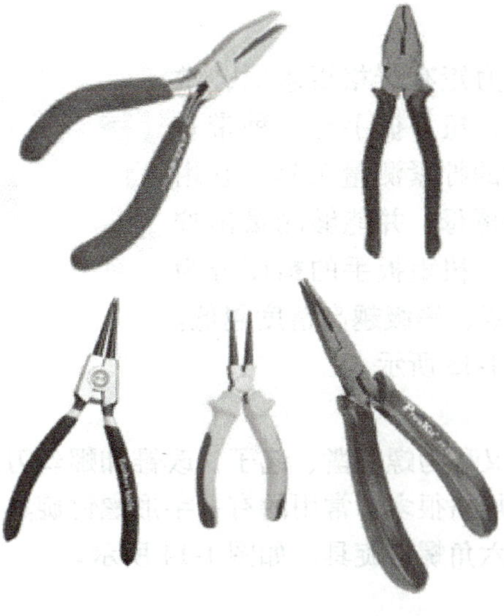

图 1-10　手钳类工具

2. 扳手类工具

扳手主要用来扳动一定范围尺寸的螺栓、螺母，启闭阀类，拆卸杆类螺栓等。常用扳手有呆扳手、梅花扳手、两用扳手、活扳手、内六角扳手、套筒扳手、钩形扳手、棘轮扳手、“F”扳手和扭力扳手等。如图 1-11 所示。

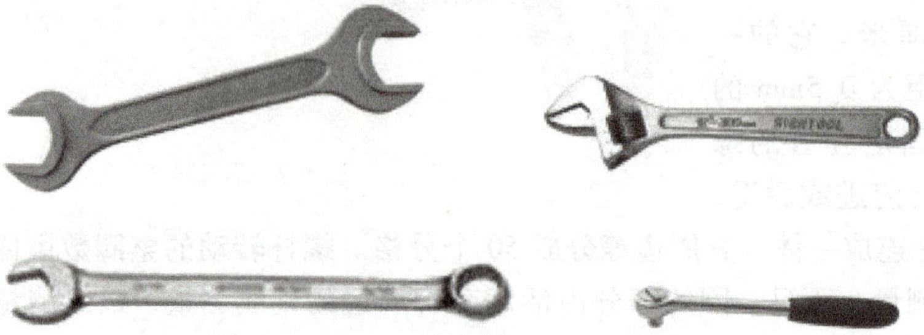

图 1-11　扳手类工具

目前自动化设备装配上大量使用内六角扳手和内六角螺栓的组合。常用规格（单位为 mm）有：1.5、2、2.5、3、4、5、6、8、10、12、14、17、19、22、27。内六角扳手和内六角螺栓如图 1-12 所示。

图 1-12　内六角扳手和内六角螺栓

在紧固和起松不同规格螺母和螺栓时，常使用活扳手，其开口宽度可在一定范围内进行调节。

当对紧固力矩有严格要求时，常使用扭力扳手，扭力扳手是一种带有扭矩测量机构的拧紧测量工具，它用于紧固螺栓和螺母，并能够测量出拧紧时的扭矩值，扭矩扳手的精度分为 1~7 共七个等级，等级越高精度越低。扭力扳手如图 1-13 所示。

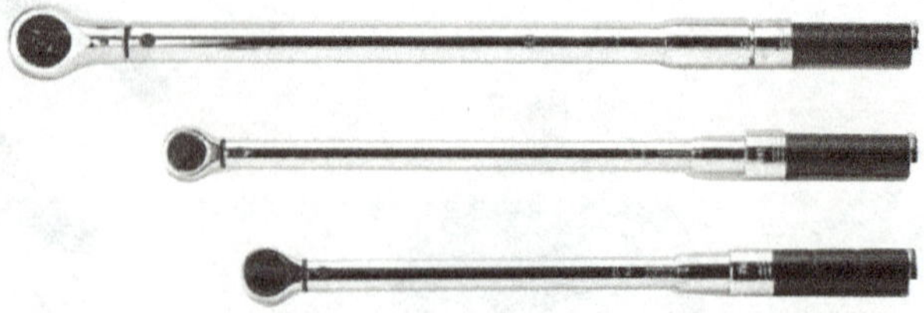

图 1-13　扭力扳手

3. 旋具类工具

螺钉旋具又称为螺旋凿、起子、改锥和螺丝刀，它是一种紧固和拆卸螺钉的工具。螺钉旋具的样式和规格很多，常用的有一字形螺钉旋具、十字形螺钉旋具、夹柄螺钉旋具、多用螺钉旋具和内六角螺钉旋具。如图 1-14 所示。

4. 钻类工具

电钻是常用的电动工具，用于在工件上钻孔。电钻分为台式电钻和手电钻两种。如图 1-15

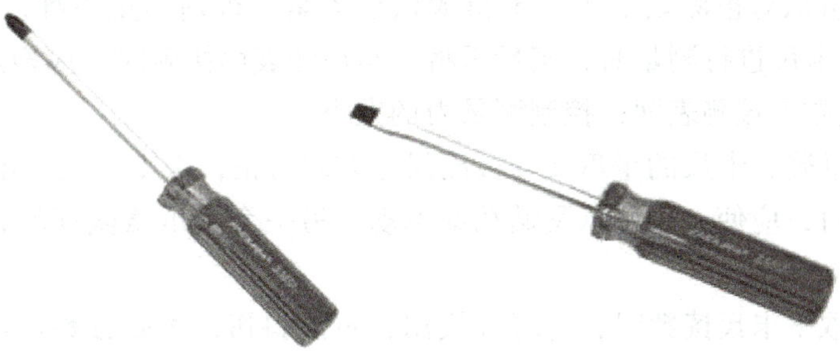

图 1-14 螺钉旋具

所示。

手电钻也常搭配批头用作电螺丝批，用来紧固和拆卸螺钉。

5. 锤类工具

锤子又称为榔头。常用于矫正小型工具、打样冲和敲击錾子进行切削以及切割等。锤子分为硬锤子和软锤子。硬锤子一般是钢铁制品，软锤子一般是铜锤、铝锤、木锤、橡胶锤等。锤子如图 1-16 所示，它是钳工常用的敲击工具，由锤头、木柄和楔子组成。锤头用 T7 钢制成并经热处理淬硬，规格有 0.25kg、0.5kg 和 1kg 等。锤柄用比较坚韧的木材制成，长为 300~350mm。锤柄装入锤孔后用楔铁楔紧，以防锤头脱落。

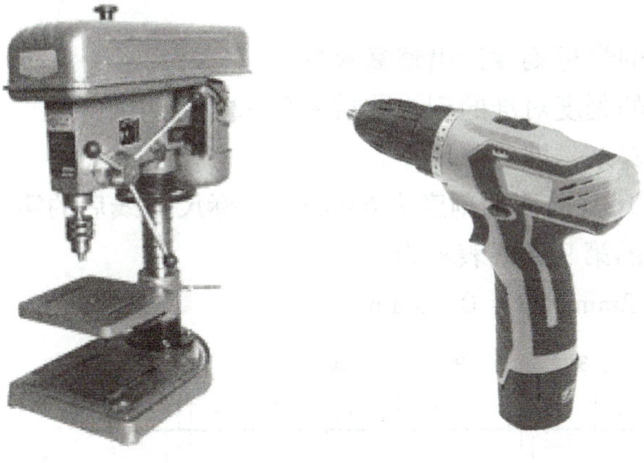

a) 台式电钻　　b) 手电钻

图 1-15 电钻

图 1-16 锤子

【技能操作】——常用仪表及工具的使用

一、游标卡尺的使用

游标卡尺是比较精密的量具，使用时应注意以下事项：

1）使用前应把卡尺擦净，使两个量爪紧密贴合，看尺身与游标零线是否对齐，若不能对齐应送检修部门校准。

2）测量零件的外尺寸时，两量爪测量面分开的距离应比被测尺寸大一些，测量内表面尺寸时，两量爪测量面分开的距离应比被测尺寸稍小些。量爪靠近被测面后，应慢慢移动量爪，使其轻轻地接触被测表面。

3）测量时，量爪对被测表面不要卡得太松或太紧，否则测量不准，也容易损坏卡尺。使用有微动装置的卡尺进行测量时，当量爪将要与被测表面接触时，应换用微动装置，这样能使活动量爪慢慢靠近被测表面，控制测量力的大小。

4）为使测量准确，卡尺的量爪要与被测尺寸方向对正，否则读数不正确。

5）测量圆孔时，应使一个量爪紧贴孔壁不动，另一个量爪微微摆动，方能量出直径的实际尺寸。

6）从工件上取下卡尺读数时，应轻轻拔出，不能斜扭，否则读数不准确，读数时，眼睛要对正尺面。

以分度值为 0.02mm 的精密游标卡尺为例，这种游标卡尺由带固定卡脚的尺身和带活动卡脚的游标尺组成。在游标尺上有游标尺固定螺钉。尺身上的刻度以 mm 为单位，每 10 格分别标以 1、2、3 等，以表示 10mm、20mm、30mm 等。这种游标卡尺的游标尺刻度是把尺身刻度 49mm 的长度，分为 50 等份，即每格为 0.98mm。尺身和游标尺的刻度每格相差 0.02mm，即测量精度为 0.02mm。如果用这种游标卡尺测量工件，测量前，尺身与游标尺的 0 线是对齐的，测量时，游标尺相对尺身向右移动，若游标尺的第 1 格正好与尺身的第 1 格对齐，则工件的厚度为 0.02mm。同理，测量 0.06mm 或 0.08mm 厚度的工件时，应该是游标尺的第 3 格正好与尺身的第 3 格对齐或游标尺的第 4 格正好与尺身的第 4 格对齐。

读数方法，可分三步：

①根据游标尺零线以左的尺身上的最近刻度读出整毫米数。

②根据游标尺零线以右与尺身上的刻度对准的刻线数乘上 0.02 读出小数。

③将上面的整数和小数两部分加起来，即为总尺寸。

如图 1-17 所示，游标尺 0 线所对尺身前面的刻度为 64mm，游标尺 0 线后的第 9 条线与尺身的一条刻线对齐。游标尺 0 线后的第 9 条线表示为

$$0.02\text{mm} \times 9 = 0.18\text{mm}$$

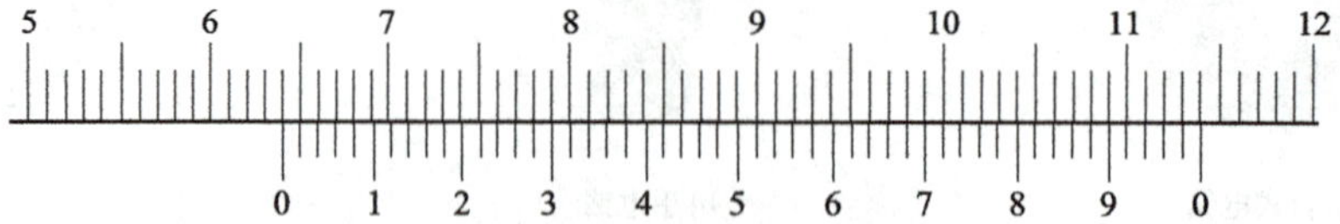

图 1-17　0.02mm 游标卡尺的读数方法

所以，被测工件的尺寸为

$$64\text{mm} + 0.18\text{mm} = 64.18\text{mm}$$

7）游标卡尺用完后，应仔细擦净，抹上防护油，平放在盒内，以防生锈或弯曲。

二、扭力扳手的使用

使用扭力扳手时注意事项如下：

1）根据工件所需的扭矩值要求，确定预设扭矩值。

2）在设置预设扭矩值时，将扭力扳手手柄上的锁定环下拉，同时转动手柄，调节标尺主刻度线和微分刻度线数值至所需扭矩值。调节好后，松开锁定环，手柄自动锁定。

3）在扭力扳手方榫上安装相应规格的套筒，并套住紧固件，再慢慢施加外力，施加外力的方向必须和标明的箭头方向一致。当听到“咔嗒”一声时，说明已经达到预设扭矩值，停止施加外力。

4）在使用大规格扭力扳手时，可外加长套杆以便操作省力。

5）扭力扳手若长期不用，应将其标尺刻度线调节至扭矩最小数值处。

1.1.3 常见工装夹具的使用

【相关知识】

一、工装夹具的认识

工装，即工艺装备，是指制造过程中所用的各种工具的总称。工装包括刀具、夹具、模具、量具、检具、辅具、钳工工具和工位器具等。工装分为专用工装、通用工装和标准工装（类似于标准件）。在工业机器人工作站中，工装系统主要用于工件的固定、操作、加工等作业，包括工业机器人的末端执行器。而夹具是用于装夹工件（或引导刀具）的装置，工业机器人工装夹具则是工业机器人在生产加工过程中所用的各种工具的总称，是生产工艺过程中重要的组成部分，如图 1-18 所示的平行夹爪是一种常见的工业机器人工装夹具。

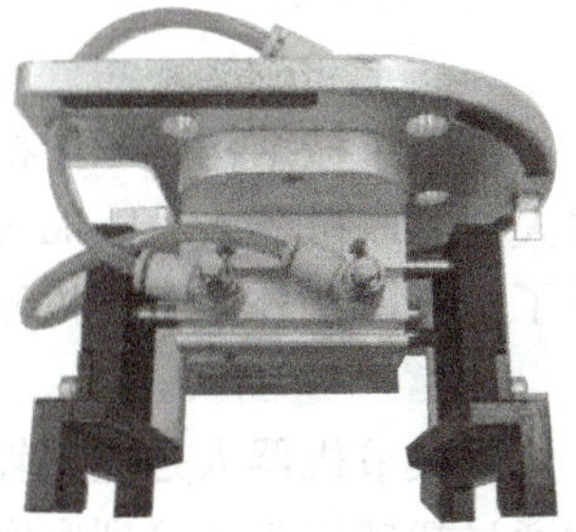
图 1-18 工业机器人平行夹爪

二、工业机器人工装夹具的分类

工业机器人工装夹具是为高效生产而研制开发的，具有安装便捷、编程简单的优点。合适的工装夹具可以大大提高生产率和生产质量，通过机器人程序中输出信号便可以控制夹具的动作，缩短了设置和编程时间，同时示教器简单的编程界面降低了编程难度。工业机器人夹具按照其使用的特点可以分为：

1）专用夹具。为某种产品零件在某道工序上的装夹需要而专门设计制造，服务对象专一，针对性很强，一般由产品制造厂自行设计。

2）通用夹具。如机用虎钳、卡盘、吸盘、分度头和回转工作台等，有很大的通用性，能较好地适应加工工序和加工对象的变换，其结构已定型，尺寸、规格已系列化，其中大多数已成为机床的一种标准附件。

3）可调夹具。可以更换或调整元件的专用夹具。

4）组合夹具。由不同形状、规格和用途的标准化元件组成的夹具，适用于新产品试制和产品经常更换的单件、小批生产以及临时任务。

目前市场上有很多通用的机器人本体，在生产作业时只需要换上合适的夹具就可以随时变换工作内容，非常方便，使用这样的工业机器人生产也降低了企业的成本。

【技能操作】——机器人工装夹具的使用和保养

一、机器人工装夹具使用注意事项

1）按照工程指导书的要求正确使用工装夹具，轻拿轻放，不可以私自改装工装夹具或改变使用方式。

2）使用前应先检查工装夹具，避免使用中出现无法正常工作而导致设备或工件发生损坏的情况。

3）工装夹具使用完毕后，应对其进行清洁。

4）当某批次产品投产完毕，需要更换工装夹具时，应将工装夹具清洁整理后统一用纸箱封装好，放于固定位置并做好标识。

二、机器人工装夹具的保养

1）定期清洁工装夹具表面的灰尘。

2）定期检查工装夹具外观是否良好。

3）定期测试工装夹具的功能是否完好，触点、气动元件等是否接触、密封良好。

4）若发现工装夹具外观、性能等出现问题，应及时上报、维修。

1.2　机械部件装配

1.2.1　机器人本体结构及安装方法

【相关知识】

一、工业机器人的分类

根据机械结构，工业机器人可分为六大类：关节机器人、直角坐标机器人、SCARA 机器人、并联机器人、Polar 机器人和圆柱坐标型机器人，其中前四种工业机器人比较常见。除了机械配置外，工业机器人还可以根据运动控制、电源控制和物理特性进行分类。

1. 关节机器人

多关节机器人是应用较为广泛的工业机器人类型之一。它的机械结构类似于人的手臂。臂通过扭转接头连接到底座。连接臂中连杆的旋转关节的数量可以从 2 个关节到 10 个关节不等，每个关节提供额外的自由度。接头可以彼此平行或正交。具有 6 个自由度的关节机器人是较常用的工业机器人，如图 1-19 所示。因为其设计提供了非常大的灵活性。关节机器人的主要优势为可高速进行运作和占地面积非常小。

2. 直角坐标机器人

直角坐标机器人也称为直线机器人或龙门机器人，具有矩形结构，如图 1-20 所示。这种类型的工业机器人具有三个棱柱形关节，通过在其三个垂直轴（X、Y 和 Z）上滑动来提供线性运动。它们可能还附有手腕以允许旋转运动。直角坐标机器人应用于大多数工业领域，因为它们在配置方面提供了灵活性，使其适合特定的应用需求。直角坐标机器人可提供高定位精度并可承受重型物件。

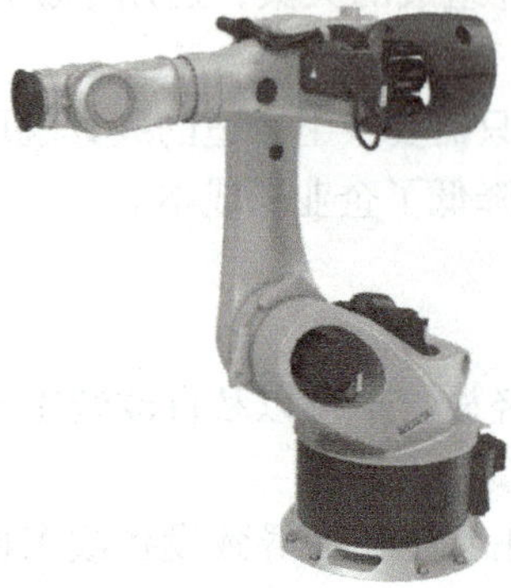

图 1-19　六轴关节机器人

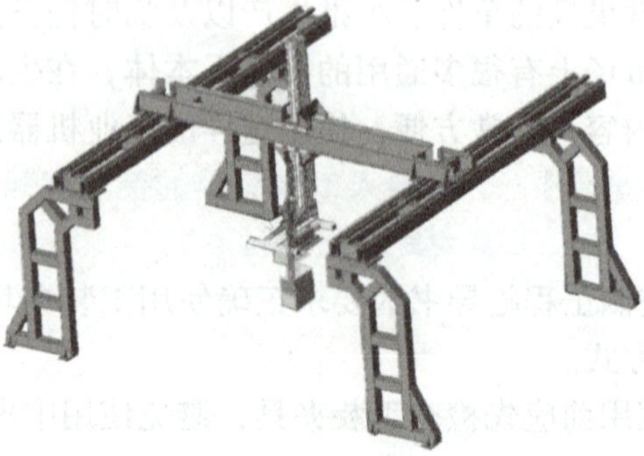

图 1-20　直角坐标机器人

3. SCARA 机器人

SCARA 机器人具有圆形工作范围，由两个平行关节组成，可以在选定的平面上提供适应性，如图 1-21 所示。旋转轴垂直定位，安装在手臂上的末端执行器水平移动。SCARA 机器人专门从事横向运动，主要用于装配。与圆柱坐标型机器人和直角坐标机器人相比，SCARA 机器人可以更快地移动，并且更容易集成。

4. 并联机器人

并联机器人也称为平行连杆机器人，因为它由和公共底座相连的平行关节连杆组成。由于直接控制末端执行器上的每个关节，所以末端执行器的定位可以通过其手臂轻松控制，从而实现高速操作。并联机器人有一个圆顶形的工作空间，如图 1-22 所示。并联机器人通常用于快速取放或产品转移，其主要功能有抓取、包装、码垛和机床上下料等。

图 1-21　SCARA 机器人

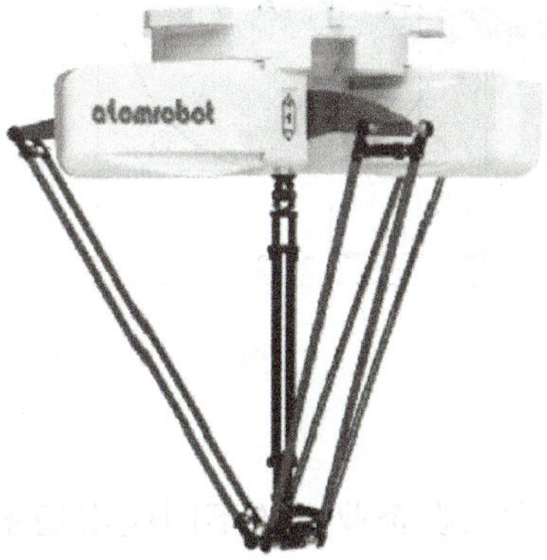

图 1-22　并联机器人

二、工业机器人系统的组成

工业机器人系统包括工业机器人本体（机器人机械系统及电气设备）、控制柜、连接电缆、手持编程器等组件。如图 1-23 所示。

工业机器人本体主要由机器人腕部、小臂、大臂、转盘、底座和电气设备构成，如图 1-24 所示，较重的工业机器人一般配有吊装装置。

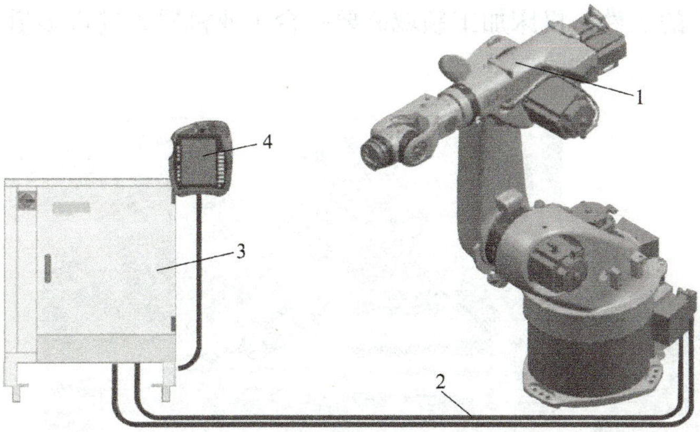

图 1-23　工业机器人系统

1— 工业机器人本体　2—连接电缆

3—控制柜　4—手持编程器

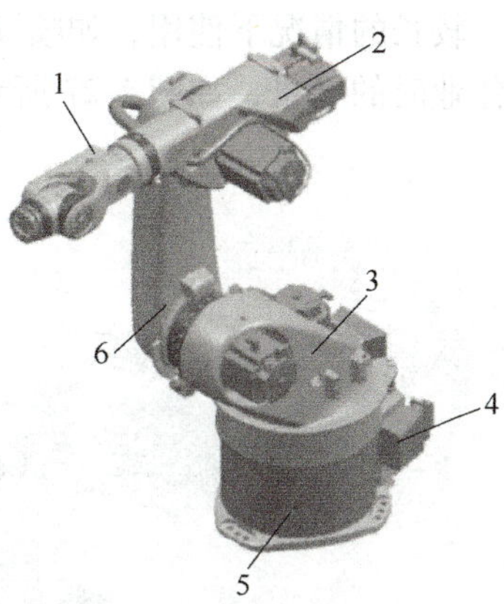

图 1-24　工业机器人本体的主要组件

1—中央手腕　2—小臂　3—转盘

4—电气设备　5—底座　6—大臂

三、工业机器人的工作范围

在安装工业机器人前应确定工业机器人的工作范围，以确保其工作顺利进行。图 1-25 所示为某工业机器人的工作范围。

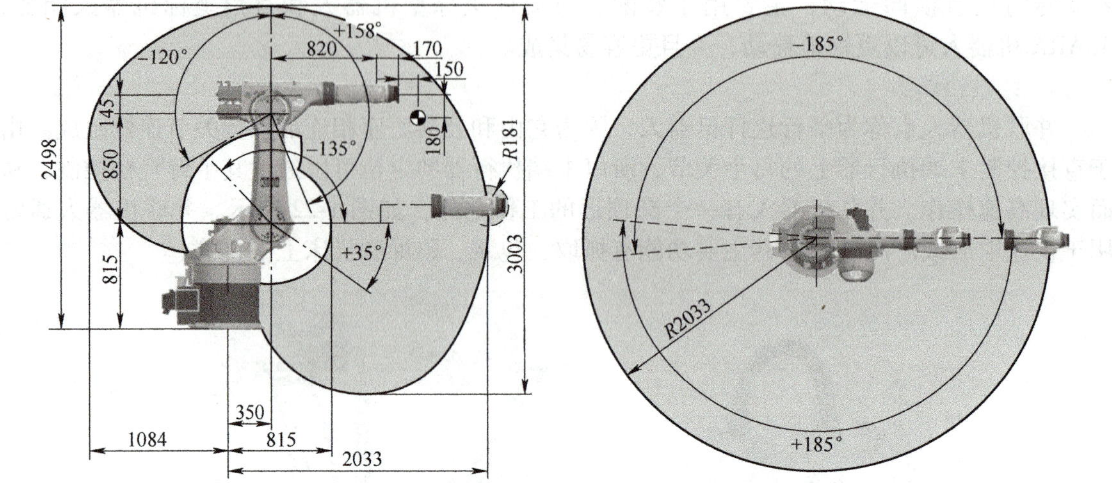

图 1-25 某工业机器人的工作范围

四、工业机器人本体安装方式

根据工业机器人在企业中的不同应用场景、工序及环境，它们往往采用不同的安装方式，在各加工工序中工业机器人的安装方式通常会影响生产线的使用情况，以下是工业机器人常见的安装方式。

1. 立式安装

工业机器人直接在地面安装固定或者增加底座直接固定，通常在上下料、搬运、涂装、焊接等方面应用，如图 1-26 所示。

2. 地面第 7 轴安装

这种方式是在立式安装的基础上，在地面通过导轨使工业机器人实现左右移动，在工件较大、较长的情况下使用，如喷涂较长的工件，机床加工领域需要一台工业机器人进行多道工序作业时的场景，如图 1-27 所示。

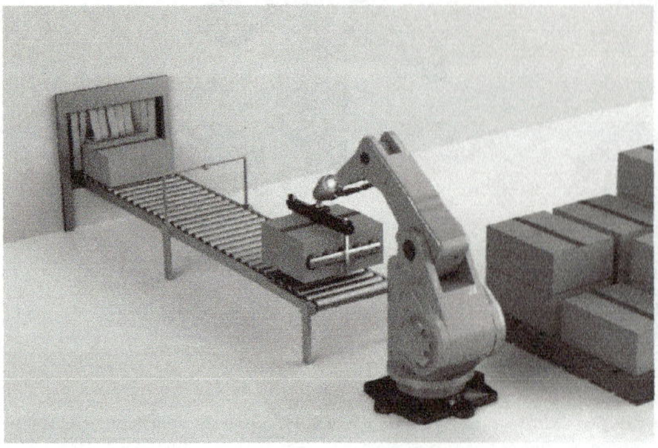

图 1-26 立式安装

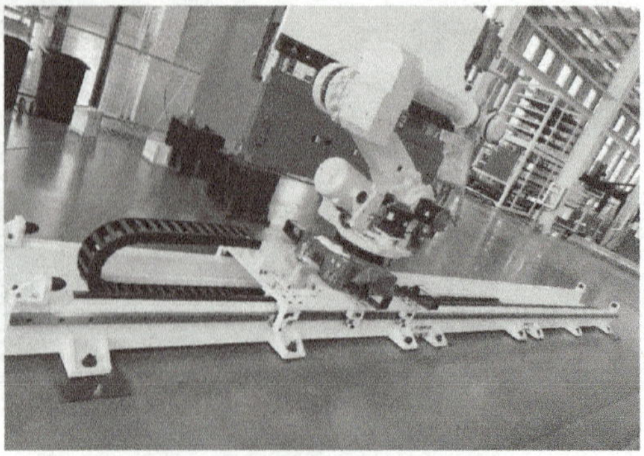

图 1-27 地面第 7 轴安装

3. 悬挂安装

这种方式用在工业机器人活动范围较大的基础或者现场使用空间不足的情况下，常见于喷漆、机械加工及分拣等领域，如图 1-28 所示。

4. 悬挂移动安装

工业机器人悬挂并且所需工作范围加大，可增加导轨悬挂机器人，它可以左右移动，增加工作范围，如图 1-29 所示。

5. 定制安装

当需要将机器人安装于机床内部或自动化设备内部时，可根据实际生产需要进行定制安装，如图 1-30 所示。

图 1-28　悬挂安装

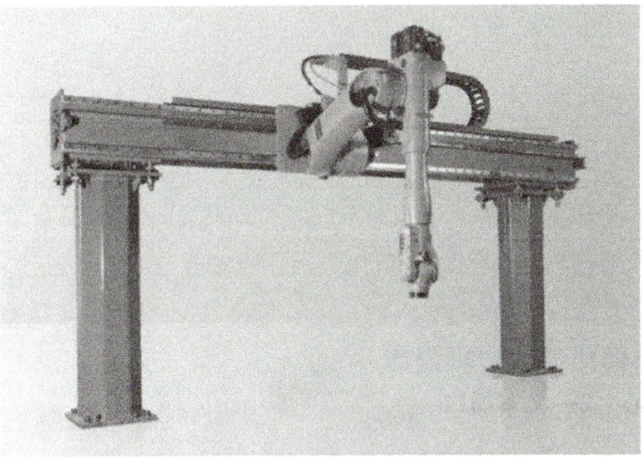

图 1-29　悬挂移动安装

图 1-30　定制安装

【技能操作】——工业机器人本体的安装

1）检查包装。工业机器人经厂家装配调试完成打包发货，因此，在收到工业机器人包装箱后应先仔细查看包装箱是否有破损、进水等异常情况，如有异常，应及时联系厂家或物流公司进行处理。如一切正常，观察包装形式，选择适合的拆包工具进行拆包。

2）拆包后，应根据装箱清单进行清点，核对各部件是否齐全。

3）确定工业机器人的安装形式及位置，做好安装位置标记。

4）将工业机器人吊装到位。图 1-31 所示为某工业机器人运输尺寸及吊装姿势。

5）选择固定标准件，安装固定工业机器人本体，安装时使用扭力扳手检查螺栓的安装力矩，并用记号笔做好防松标记。

6）安装工业机器人底座定位销，完成工业机器人本体的安装。

7）在进行任何安装、维护、操作工业机器人的作业时，都必须遵守以下安全操作规程：

①只有熟悉工业机器人并经过工业机器人安装、维护、操作等方面培训的人员才允许安装、维护、操作工业机器人。

②安装、维护、操作工业机器人的人员在饮酒、服用药品或兴奋药物后，不得安装、维护、操作工业机器人。

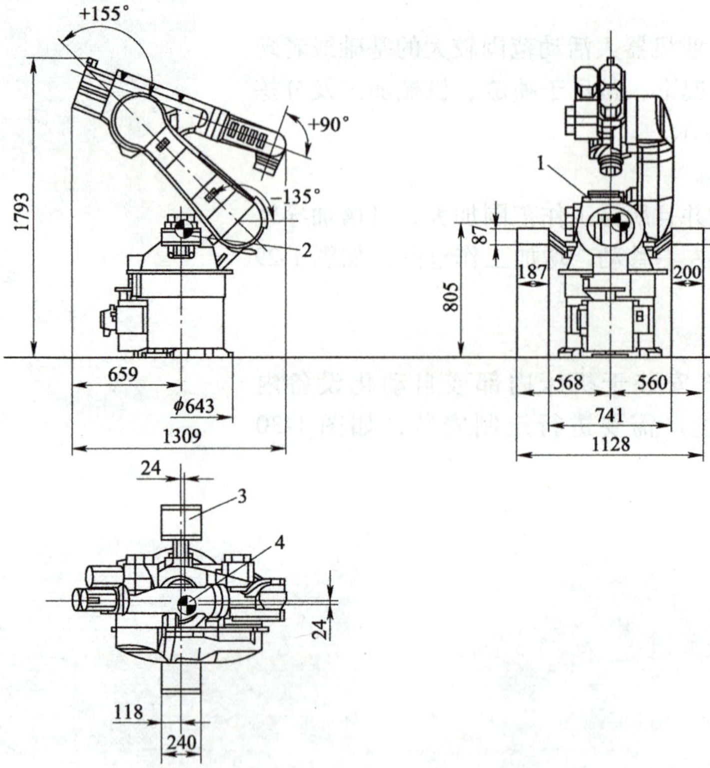

图 1-31 某工业机器人运输尺寸及吊装姿势

1— 机器人 2、4—重心 3—叉车插口

③安装、维护、操作工业机器人的人员必须有意识地对自身安全进行保护，必须主动穿戴安全帽、安全作业服、安全防护鞋。

④在安装、维护工业机器人时必须使用符合安装、维护要求的专用工具，安装、维护工业机器人的人员必须严格按照安装、维护说明手册或安全操作指导书中的步骤进行安装和维护。

1.2.2 末端执行器及自动更换系统的装配

【相关知识】

一、末端执行器的认识

工业机器人的末端执行器指的是任何一个连接在机器人边缘（关节）具有一定功能的工具，可以是机器人抓手、机器人工具快换装置、机器人碰撞传感器、机器人旋转连接器、机器人压力工具、顺从装置、机器人喷涂枪、机器人毛刺清理工具、机器人弧焊焊枪、机器人电焊焊枪等。

随着机器人技术的飞速发展及其在各个领域的广泛应用，作为机器人与环境相互作用的最后执行部件，末端执行器对机器人智能化水平和作业水平的提高具有十分重要的作用，因此对机器人末端执行器工作能力的研究受到了极大的重视。常见的末端执行器如图 1-32 所示。

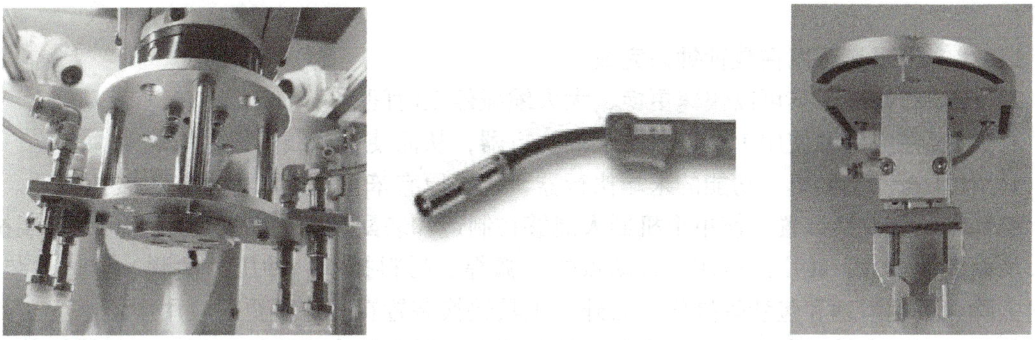

图 1-32　常见的末端执行器

二、末端执行器的分类

工业机器人末端执行器的种类很多，根据不同的作业及操作要求，可分为加工末端执行器、测量末端执行器和搬运末端执行器。

（1）加工末端执行器　加工末端执行器是带有焊枪、喷枪、砂轮、铣刀等加工工具的工业机器人附加装置，可以用来进行相应工序的加工作业。

（2）测量末端执行器　测量末端执行器是装有测量头或传感器的附加装置，用来进行测量及检验作业。

（3）搬运末端执行器　搬运末端执行器是指用来抓取或吸附被搬运物体的装置，常见的有吸附式和夹持式两种。大多数搬运末端执行器需要进行人工装配。

1）吸附式末端执行器是利用真空吸盘吸力或电磁力抓取工件的，如果遇到形状复杂难以夹持的工件，如各种复杂的曲面又没有其他合适的表面可用作夹紧，需要加工精度较高的薄壁零件等，经常采用吸附式末端执行器。真空吸盘式末端执行器是机械和气动技术一体化的装置，一般由动力源、传感器、机械结构、气动系统、执行元件等组成；电磁吸附式末端执行器则是利用电能产生磁场，吸附铁磁性工件。

2）夹持式末端执行器是利用电动力或气动力带动机械结构来夹取工件的，通常分为夹钳式和夹板式等。

三、末端执行器快换装置

在当前的制造行业中，一台工业机器人通常要进行多种不同工序的作业，每种工序都有自己需要的末端执行器，而人工进行末端执行器的拆卸和安装无疑要浪费大量的时间，这在快节奏的制造业中是不允许的。为此，人们设计了末端执行器快换装置，以解决工业机器人根据不同工序更换不同末端执行器的需求，使工业机器人的应用更具柔性化。

末端执行器快换装置包括一个机器人侧，安装在机器人手臂上，还包括一个工具侧，安装在末端执行器上，如图 1-33 所示。

a) 快换装置机器人侧　　b) 快换装置工具侧

图 1-33　末端执行器快换装置

快换装置能够让不同的介质，例如气体、电信号、液体、视频、超声等，从机器人手臂连通到末端执行器。机器人工具快换装置的优点如下：

1）生产线更换可以在数秒钟内完成。

2）维护和修理工具可以快速更换，大大缩减停工时间。

3）通过在应用中使用1个以上的末端执行器，从而使生产线的柔性增加。

4）使用自动交换单一功能的末端执行器，代替原有笨重复杂的多功能工装执行器。

机器人工具快换装置，使单个机器人能够在制造和装配过程中交换使用不同的末端执行器，从而增加柔性，被广泛应用于自动点焊、弧焊、材料抓举、冲压、检测、卷边、装配、材料去除、毛刺清理和包装等操作。另外，工具快换装置在一些重要的应用中能够为工具提供备份工具，可有效避免发生意外事件。相对于人工需要数小时更换工具，工具快换装置自动更换备用工具仅需数秒钟即可完成。

【技能操作】——工业机器人末端执行器的安装

1）在安装前，务必要看清图样或者与设计人员进行沟通，确定工业机器人末端执行器的型号。同时，为确保工业机器人的正常运行，节约调试工期，要确定好末端执行器相对于工业机器人法兰盘及快换装置工具侧和机器人侧的安装方向。

2）根据图样准备好安装工具、安装工艺卡及所需要的零部件。常见带快换装置的末端执行器包含以下部分：机器人侧法兰盘、快换装置机器人侧、快换装置工具侧、末端执行器侧法兰盘和末端执行器，如图1-34所示。

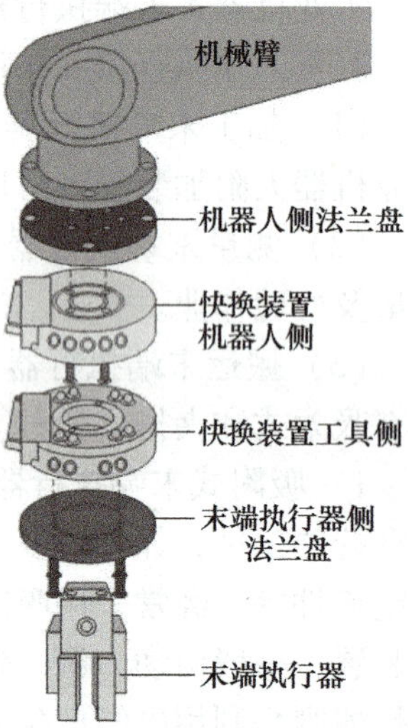

图1-34　带快换装置的末端执行器

3）确定工业机器人法兰盘手腕的安装尺寸。图1-35所示为某工业机器人法兰盘手腕的安装结构，采用内六角螺钉进行紧固。

4）调整工业机器人末端法兰盘的方向。使用扭力扳手将工业机器人侧的快换装置安装到法兰盘上进行固定，如图1-36所示。

5）选择需要的固定螺栓，将末端执行器固定在工具侧快换装置上，如图1-37所示。

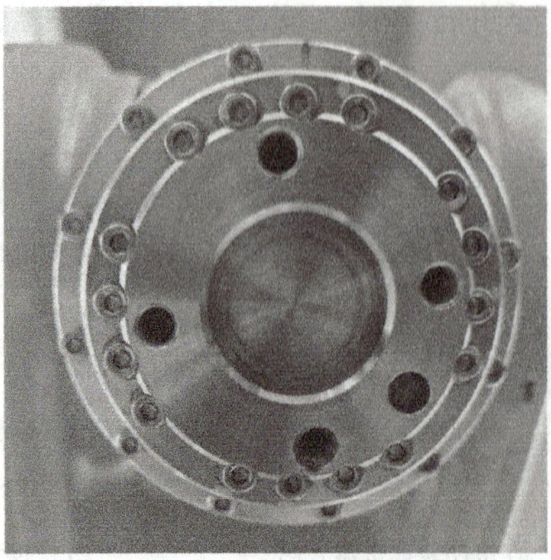

a) 工业机器人第6轴安装孔位置

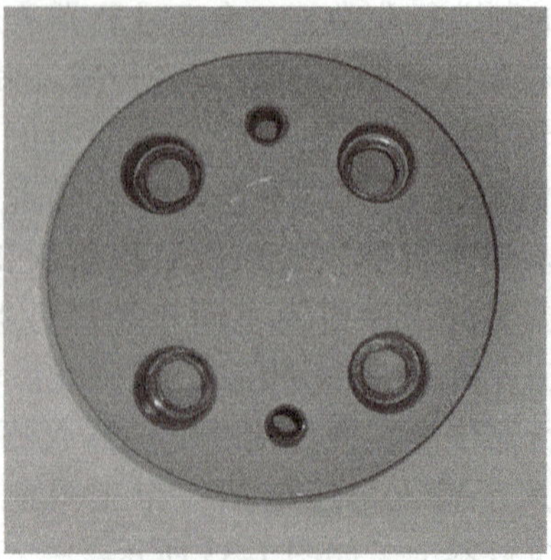

b) 工业机器人侧法兰盘安装孔位置

图1-35　某工业机器人法兰盘手腕的安装结构

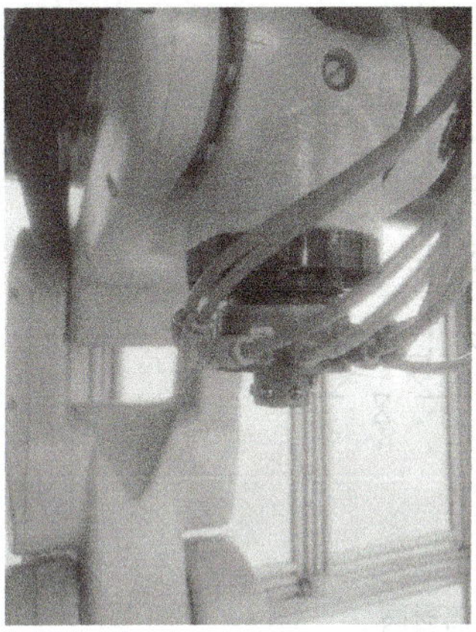

a) 末端执行器快换装置的结构

b) 末端执行器的螺栓固定

图 1-36 工业机器人侧末端执行器快换装置的安装

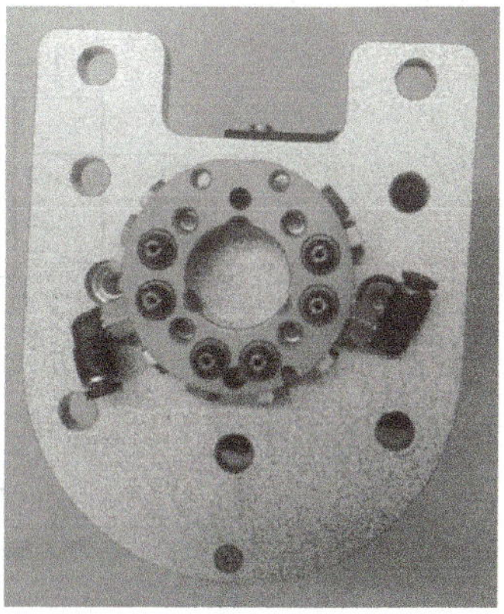

图 1-37 末端执行器与快换装置的连接

6）使用扭力扳手，检查螺栓的安装力矩，用记号笔做好防松标记，确认无误后安装末端执行器定位销。

7）安装完成后手动检查，检查各装配组件机构运行是否顺畅，不得有卡滞、异响现象。

1.2.3 气压传动系统元件的安装

【相关知识】

一、气压传动系统的认识

气压传动系统具有以下优势：

1）空气来源方便，用后直接排出，无污染。

2）空气黏度小，气体在传输过程中摩擦力较小，故可以实现集中供气和远距离输送。

3）气动系统对工作环境适应性好。特别是在易燃、易爆、多尘埃、强磁、辐射和振动等恶劣工作环境工作时，安全可靠性优于液压、电子和电气系统。

4）气动动作迅速、反应快、调节方便，可利用气压信号实现自动控制。

5）气动元件结构简单、成本低且寿命长，易于标准化、系列化和通用化。

因此，工业机器人的末端执行器也多采用气压传动。这类产品一般由动力源、传感器、机械结构、气动系统、执行元件组成。系统的组成部分必须无缝地协同工作，以执行其职能。

二、常见气动元件

1. 气源装置及辅件

气源装置包括压缩空气的发生装置以及压缩空气的存储、净化等辅助装置。它为气动系统提供符合质量要求的压缩空气，是气动系统的一个重要组成部分。

气源装置一般由气压发生装置、净化及存储压缩空气的装置和设备、传输压缩空气的管道系统和气动三大件四部分组成，如图 1-38 所示。

图 1-38 中，1 为空气压缩机，用以产生压缩空气，一般由电动机带动。其吸气口装有空气过滤器，以减少进入空气压缩机内气体的杂质量。2 为后冷却器，用以降温冷却压缩空气，使气化的水、油凝结起来。3 为油水分离器，用以分离并排出降温冷却凝结的水滴、油滴、杂质等。4 为储气罐，用以存储压缩空气，稳定压缩空气的压力，并除去部分油分和水

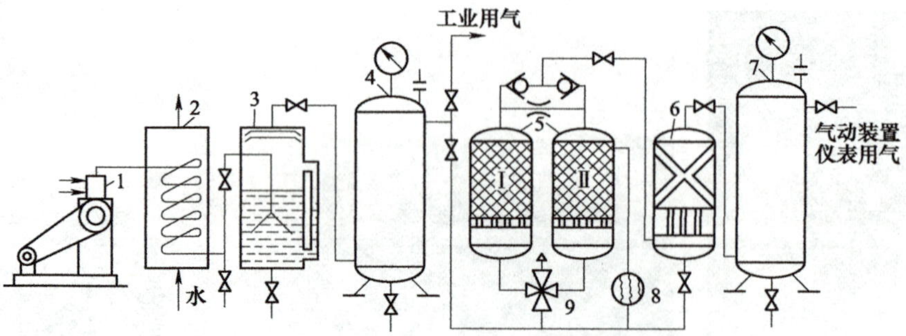

图 1-38 气源装置的组成和布置示意图

1—空气压缩机 2—后冷却器 3—油水分离器

4、7—储气罐 5—干燥器 6—过滤器 8—加热器 9—四通阀

分。储气罐 4 输出的压缩空气可用于一般要求的气动系统，储气罐 7 输出的压缩空气可用于要求较高的气动系统（如气动仪表及射流元件组成的控制回路等）。5 为干燥器，用以进一步吸收或排除压缩空气中的水分及油分，使之变成干燥空气。6 为过滤器，用以进一步过滤压缩空气中的灰尘、杂质颗粒。8 为加热器，可将空气加热，使热空气吹入闲置的干燥器中进行再生，以备干燥器Ⅰ、Ⅱ交替使用。9 为四通阀，用于转换两个干燥器的工作状态。

2. 气动执行元件

气动执行元件是将压缩空气的压力能转换为机械能的装置，包括气缸和气马达。

（1）气缸 气缸是气动系统的执行元件之一。它是将压缩空气的压力能转换为机械能并驱动工作机构做往复直线运动或摆动的装置。与液压缸相比，它具有结构简单，制造容易，工作压力低和动作迅速等优点，故应用十分广泛。

气缸种类很多，结构各异、分类方法也多，常用的有以下几种。

1）按压缩空气在活塞端面作用力的方向不同，气缸分为单作用气缸和双作用气缸。

2）按结构特点不同，气缸分为活塞式、薄膜式、柱塞式和摆动式气缸等。

3）按安装方式不同，气缸分为耳座式、法兰式、轴销式、凸缘式、嵌入式和回转式气缸等。

4）按功能不同，气缸分为普通式、缓冲式、气-液阻尼式、冲击和步进气缸等。

（2）气马达 气马达是将压缩空气的压力能转换成旋转的机械能的装置。气马达有叶片式、活塞式、齿轮式等多种类型，在气压传动中使用最广泛的是叶片式和活塞式气马达。

3. 气动控制元件

气动控制元件按其功能和作用分为方向控制阀、压力控制阀和流量控制阀三大类。此外，还有通过控制气流方向和通断实现各种逻辑功能的气动逻辑元件等。

（1）方向控制阀 气动方向控制阀与液压方向控制阀相似，按其作用特点可分为单向型和换向型两种，其阀芯结构主要有截止式和滑阀式。

1）单向型控制阀。单向型控制阀包括或门型梭阀、与门型梭阀和快速排气阀。

①或门型梭阀。在气压传动系统中，当两个通路 P_1 和 P_2 均与另一通路 A 相通，而不允许 P_1 与 P_2 相通时，就要用到或门型梭阀，如图 1-39 所示。

如图 1-39a 所示，当 P_1 进气时，将阀芯推向右侧，通路 P_2 被关闭，于是气流从 P_1 进入通路 A。反之，气流则从 P_2 进入通路 A，如图 1-39b 所示。当 P_1、P_2 同时进气时，哪端压力高，A 就与哪端相通，另一端则自动关闭。图 1-39c 为该阀的图形符号。

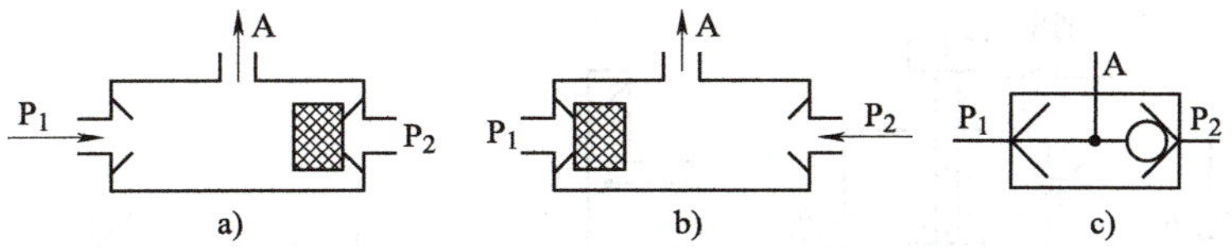

图 1-39　或门型梭阀

②与门型梭阀。与门型梭阀又称为双压阀，如图 1-40 所示。当 P_1 或 P_2 单独有输入时，阀芯被推向右端或左端（图 1-40a、b），此时 A 口无输出；只有当 P_1 和 P_2 同时有输入时，A 口才有输出（图 1-40c）。若 P_1 和 P_2 两输入口的气压不等，则气压低的通过 A 口输出。图 1-40d 为该阀的图形符号。

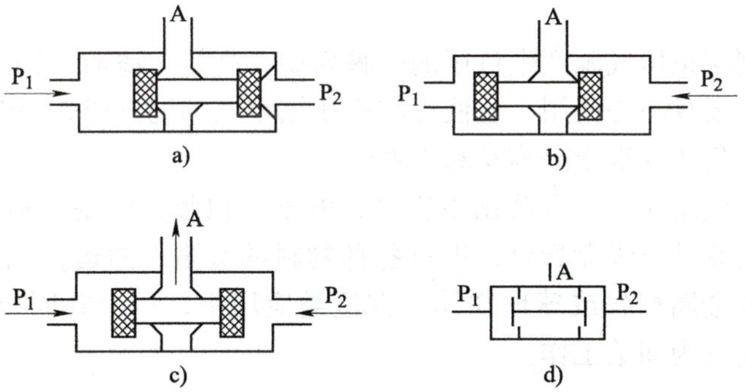

图 1-40　与门型梭阀

③快速排气阀。快速排气阀又称为快排阀，它是为加快气缸运动做快速排气用的。图 1-41 所示为膜片式快速排气阀。

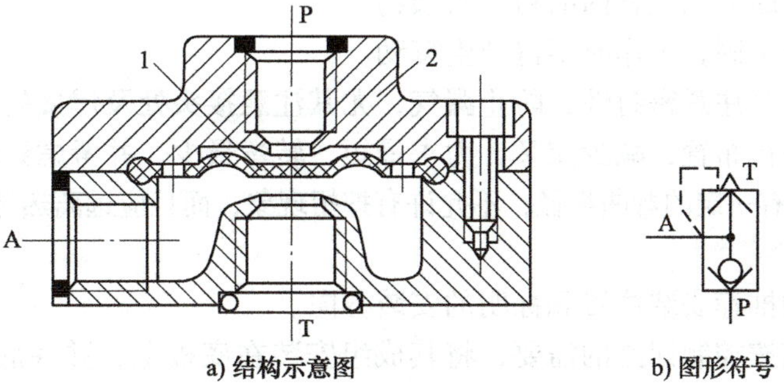

图 1-41　膜片式快速排气阀

1—膜片　2—阀体

2）换向型控制阀。如图 1-42 所示为二位三通电磁换向阀。

（2）压力控制阀　压力控制阀主要有调压阀（减压阀）、顺序阀和安全阀（溢流阀）。

图 1-43 所示为压力控制阀的图形符号。它们都是利用作用于阀芯上的流体（空气）压力和弹簧力相平衡的原理来进行工作的。

（3）流量控制阀　流量控制阀主要有节流阀、单向节流阀和排气节流阀等，都是通过改变控制阀的通流面积来实现流量控制的元件。

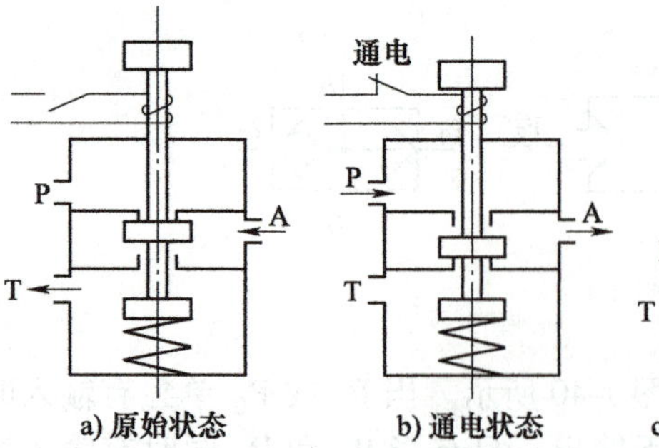

图 1-42　二位三通电磁换向阀

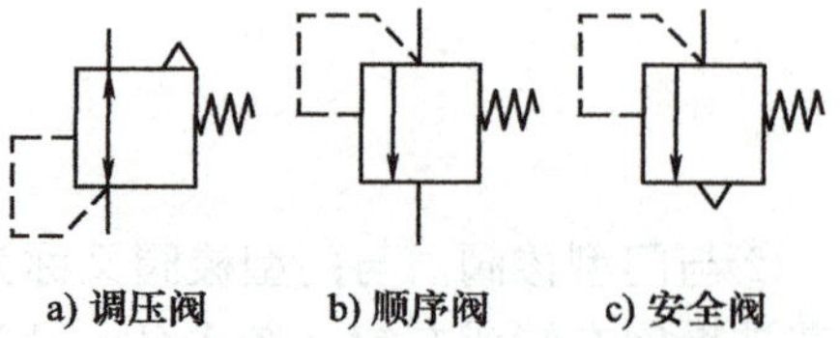

图 1-43　压力控制阀（直动型）图形符号

排气节流阀通常安装在换向阀的排气口处与换向阀联用，起单向节流阀的作用。

4. 真空发生器

真空发生器是利用正压气源产生负压的一种新型、高效、清洁、经济、小型的真空元器件，经常配合吸盘、吸盘座等使用，这使得在有压缩空气的地方或在一个气动系统中同时需要正负压的地方获得负压变得十分容易和方便。

真空发生器广泛应用在工业自动化中机械、电子、包装、印刷、塑料及机器人等领域。真空发生器的传统用途是与吸盘配合，进行各种物料的吸附、搬运，尤其适用于吸附易碎、柔软、薄的非铁、非金属材料或球形物体。在这类应用中，一个共同特点是所需的抽气量小，真空度要求不高且为间歇工作。

5. 气动辅助元件

气动控制系统中，许多辅助元件往往是不可缺少的，如消声器、转换器、管道和接头等。

【技能操作】——气动系统的安装

一、气管的安装

1）安装前要彻底清除气管内的粉尘及杂物。

2）气管支架要牢固，工作时不得产生震动。

3）接管时要充分注意密封性，防止漏气，尤其注意接头处及焊接处。

4）管路尽量平行布置，减少交叉，力求最短，转弯最少，并考虑到能自由拆装。

5）安装软管要有一定的弯曲半径，不允许有拧扭现象，而且应远离热源或安装隔热板。

二、元件的安装

1）应注意阀的推荐安装位置和标明的安装方向。

2）逻辑元件应按控制回路的需要，将其成组安装在底板上，并在底板上开出气路，用软管接出。

3）移动缸的中心线与负载作用力的中心线要同轴，否则会引起侧向力，使密封件加速磨损，活塞杆弯曲。

4）各种自动控制仪表、自动控制器、压力继电器等，在安装前都要进行校验。

1.2.4　安全防护装置的装配

【相关知识】

一、安全防护装置的认识

安全防护装置是安全装置和防护装置的统称。安全装置是消除或减小风险的单一装置或与防护装置联用的装置，如联锁装置、使能装置、握持-运行装置、双手操纵装置、自动停机装置和限位装置等。防护装置是通过物体障碍方式专门用于提供防护的机器部分，根据其结构，防护装置可以是壳、罩、屏、门、封闭式防护装置等，如固定式防护装置、活动式防护装置、可调式防护装置、联锁防护装置、带防护锁的联锁防护装置及可控防护装置等。

为了减小已知的危险和保护各类工作人员的安全，在设计机器人系统时，应根据机器人系统的作业任务及各阶段操作过程的需要和风险评价的结果，选择合适的安全防护装置。所选用的安全防护装置应按制造厂的说明进行使用和安装。

二、安全防护装置的选择及安装

机器人系统的安全防护可以采用一种或多种安全防护装置。如固定式或联锁式防护装置、双手控制安全装置、使能装置、握持-运行装置、自动停机装置、限位装置以及现场传感安全防护装置等。

1. 固定式防护装置

固定式或联锁式防护装置是指以永久固定或借助紧固件（螺钉、螺栓）固定，不使用工具不可能拆除或打开的防护装置，如图 1-44 所示。

图 1-44　固定式防护装置

2. 双手控制安全装置

如图 1-45 所示为一种双手控制安全装置。

3. 现场传感安全防护装置

安全光幕装置包括安全光幕或光屏、安全垫系统、区域扫描安全系统、单路或多路光束等，如图 1-46 所示。

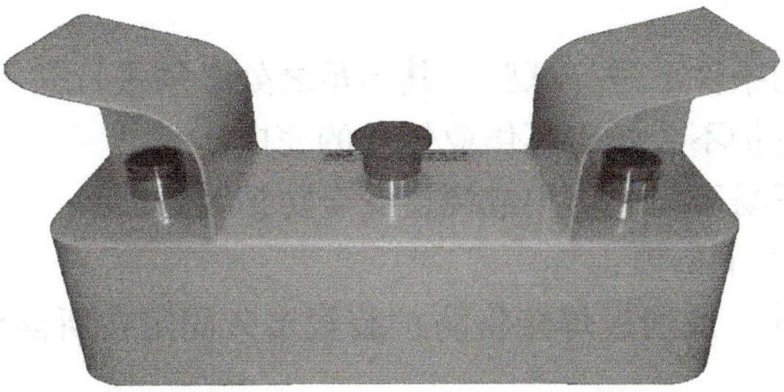

图 1-45　双手控制安全装置

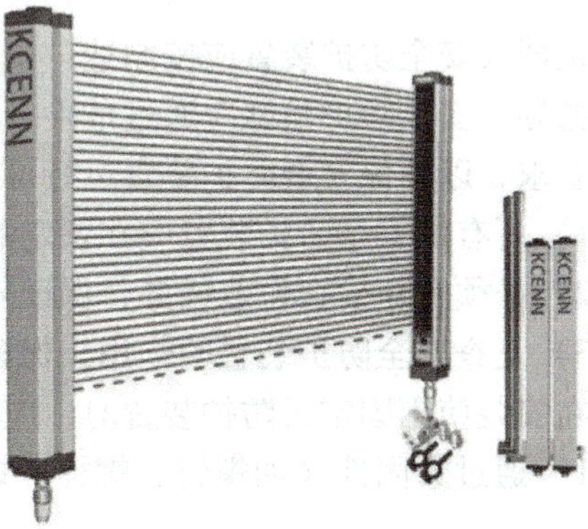

图 1-46　安全光幕装置

【技能操作】——安全防护装置的安装与使用

一、选用安全防护装置前，应查阅机器人本体制造厂家提供的文件

机器人产品制造厂随机提供的有关文件至少应包括下列各项：

1）产品检验合格证。

2）按 GB/T 12644 所规定的表示机器人规范参数的表格及说明。

3）按 GB/T 12644 指出的使用机器人所处环境条件的物理参数，如湿度、温度、大气压力、海拔高度、污染情况、电磁干扰（EMI）、射频干扰（FRI）、静电放电（ESD）、振动和噪声等。

4）安装说明书。如要求的地面条件、抗振装置、接地要求、吊装步骤、安装接口位置尺寸简图（包括机座及腕部机械接口安装所需螺钉或螺栓、销钉的规格及数量），连接电、气、液等外界设施所需的规格、要求、安全预防措施，以及安装过程中的注意事项。

5）机器人进行试运行，编程、操作及重新启动安全运行步骤和试验、校验的使用说明书。

6）机器人可能发生故障的描述及进行定期维护、保养、试验和校验及预防说明。

7）包括安全操作、设定和维修在内的安全操作规程，以及在各种控制方式和不同运行状态下机器人的响应特性和避免危险的安全措施。

8）对各类人员的要求及培训说明。

二、选用安全防护装置前，应查阅机器人系统制造厂家提供的文件

1）机器人制造厂提供的文件。

2）电气、液压、气动等控制系统的功能和位置说明。

3）机器人系统安装说明书，包括机器人及其系统安全防护装置、外围设备在内的安装要求，与外部电源及气源、液压源等系统的连接及安装说明。

4）限位装置的结构及调整范围、位置尺寸、数量等的说明，安全防护装置的结构、位置尺寸、功能、联锁要求、线路连接等的说明。

5）系统的维护、修理步骤及说明。

6）可预见的危险状态、残留的风险及避免危险的措施等的说明。

7）建议应采用的附加保护措施（如系统的安全操作规程、培训、人员的保护装备等）的说明。

三、安全防护装置的安装与检查

机器人安全防护装置应按制造厂说明书的要求进行安装，并将国家标准作为安装期间的补充指导。安全防护措施应通过危险分析和风险评价后进行判定。生产前，用户应重新检查安全要求，以确保安全防护装置运行可靠。

1）所有的安全防护装置应在预定的使用条件下进行试验。其不足之处必须进行完善。

2）必须重新检查作业任务，保证安全防护不会妨碍其作业任务的完成。

3）复查安全防护装置的作用，保证其不易于失去作用或绕过安全防护装置。

在安装使用固定式防护装置时，应注意以下事项：

1）通过紧固件（如螺钉、螺栓、螺母等）或通过焊接将防护装置永久固定在所需要的位置。

2）其结构能经受预定的操作力和环境产生的作用力，即应考虑结构的强度与刚度。

3）其构造应不增加任何附加危险，如应尽量减少锐边、尖角、凸起等。

4）不使用工具就不能移开固定部件。

5）隔板或栅栏底部离走道地面不大于0.3m，高度应不低于1.5m。

除通过与通道相连的联锁门或现场传感装置区域外，应能防止由别处进入安全防护空间。

注意：在物料搬运机器人系统周围安装的隔板或栅栏，应有足够的高度，以防止任何物件由于末端夹持器松脱而飞出隔板或栅栏。

采用联锁式防护装置时，应注意以下事项：

1）防护装置关闭前，联锁能防止机器人系统自动操作，但防护装置的关闭应不能使机器人进入自动操作方式，而启动机器人进入自动操作应在控制板上谨慎地进行。

2）在有伤害的风险消除前，具有防护锁定的联锁防护装置应处于关闭和锁定状态；或当机器人系统正在工作时，防护装置被打开前应给出停止或急停指令。联锁装置起作用时，若不产生其他危险，则应能从停止位置重新启动机器人运行。

3）中断动力源可消除进入安全防护区之前的危险，但如果动力源中断不能立即消除危险，则联锁系统中应含有防护装置的锁定和/或制动系统。

4）在进出安全防护空间的联锁门处，应考虑设有防止无意识关闭联锁门的结构或装置（如采用两组以上触点，具有磁性编码的磁性开关等），还应确保所安装的联锁装置的动作在避免了一种危险（如停止了机器人的危险运动）时，不会引起另外的危险（如使危险物质进入工作区）发生。

1.3　机械部件功能检查与调试

1.3.1　机器人末端执行器的检查与使用

【相关知识】

为确保工业机器人末端执行器的使用符合产品质量设计要求和制造工艺要求，需要检查末端执行器等机械部件的功能，以保证产品生产的顺利进行。按末端执行器复杂程度分为重点检查、一般检查和简单检查。

重点检查用于复杂、关键工装及末端执行器的检查。重点检查合格后，方可纳入有关工艺文件。

一般检查用于一般复杂程度的末端执行器的检查。一般检查合格后，方可纳入有关工艺文件。

简单检查用于简单末端执行器的检查。在末端执行器设计和装配的经验与技术条件均能保证工艺要求的情况下，一般可以不对产品零、部件进行单独检查。

【技能操作】——机器人末端执行器的检查

一、检查步骤

1）准备工装设计任务书、工装图样及工装使用说明书等技术资料。

2）准备检查用的加工工件。

3）准备待验工装以及所需工具和检具。

4）准备配套设备与工装。

5）制备检查工装所需试件，编制样件检查记录。

6）按照检查内容逐项进行检查。

7）检查过程中应严格按工艺规程操作并详细记录检查情况。

二、检查内容

1. 末端执行器与设备的关系

1）末端执行器能正确安装在工艺所规定型号的设备上。

2）末端执行器与设备的连接部位、结构尺寸、定位精度、装夹位置符合设备的要求。

3）末端执行器在设备上的装卸、操作方便，安全可靠。

4）末端执行器与被制造件装夹后的总重量及总体外形尺寸在设备允许范围之内。设备（包括刀具等附件）与工装及被制造件之间不发生干涉。

2. 末端执行器与加工工件的关系

1）采用末端执行器制造的产品样件应满足产品和工艺要求。

2）末端执行器上的定位件位置与被制造件的定位位置要求相符。

3）末端执行器使用的夹紧方法、夹紧力使工装或被制造件夹紧后产生的变形对被制造件质量不产生影响。

4）末端执行器与被制造件的配合精度应满足要求。

5）末端执行器与被制造件装配后不妨碍设备或操作人员的作业。

6）末端执行器与被制造件的装卸不发生干涉，且装卸方便。

3. 末端执行器与工艺的关系

1）末端执行器的定位基准及工艺尺寸与工艺要求相符。

2）末端执行器的测量基准及测量尺寸与工艺要求相符。

3）末端执行器的夹紧部位、夹紧方法应满足工艺要求。

4）使用末端执行器的操作步骤、操作时间应满足工艺要求。

4. 末端执行器与安装现场的关系

末端执行器符合安装现场的条件和要求。

1.3.2　气动回路的检查与调试

【相关知识】

1. 常见气动元件的符号

（1）阀类　常见阀类气动元件符号见表 1-3。

表 1-3　常见阀类气动元件符号

<table>
<tr><th colspan="2">图形符号</th><th>名称</th></tr>
<tr><td rowspan="2">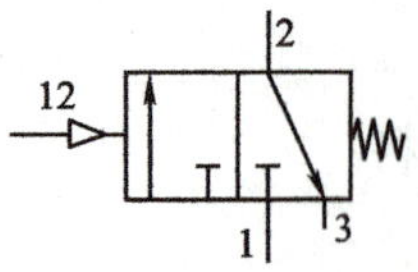</td><td>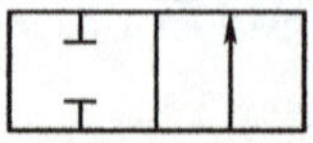</td><td>2/2 两位两通阀</td></tr>
<tr><td></td><td>3/2 两位三通阀</td></tr>
<tr><td colspan="2">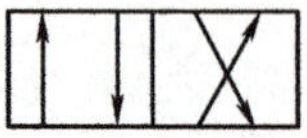</td><td>4/2 两位四通阀</td></tr>
<tr><td colspan="2">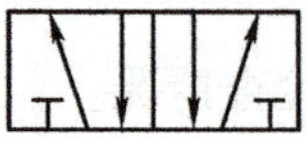</td><td>5/2 两位五通阀</td></tr>
<tr><td colspan="2">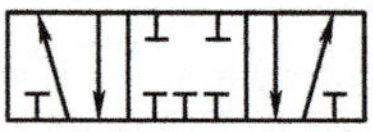</td><td>5/3 三位五通阀（中封式）</td></tr>
</table>

（续）

图形符号	名称
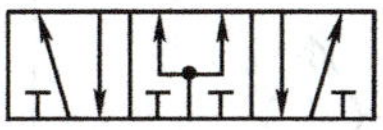	5/3 三位五通阀（中压式）
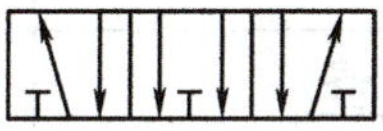	5/3 三位五通阀（中泄式）

气动元件控制方法见表 1-4。

表 1-4　气动元件控制方法

图形符号	名称	图形符号	名称
	普通手控方式		弹簧
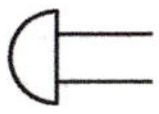	按钮	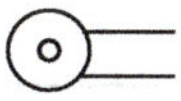	滚轮杠杆
	手柄	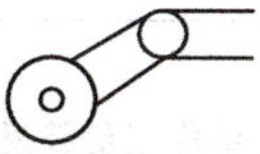	单向滚轮杠杆
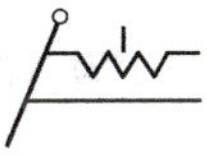	手柄记忆		气控
	脚踏板	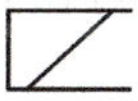	电控
			先导

一般阀口的表示方式见表 1-5。

表 1-5　一般阀口的表示方式

气口	数字表示（符合 ISO 5599 标准）	字母表示
进气口	1	P
工作口	2	B
排气口	3	S
工作口	4	A
排气口	5	R
输出信号 清零的控制口	(10)	(Z)
控制口	12	Y
控制口	14	Z

（2）其他气动元件　其他气动元件符号见表 1-6。

表 1-6 其他气动元件符号

图形符号	名称	图形符号	名称
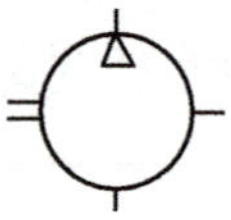	空压机	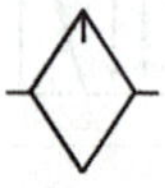	油雾器
	储气罐	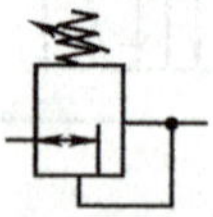	调压阀
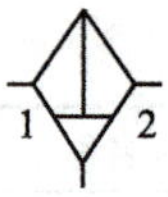	过滤器		

（3）执行元件　执行元件符号见表 1-7。

表 1-7 执行元件符号

图形符号	名称	图形符号	名称
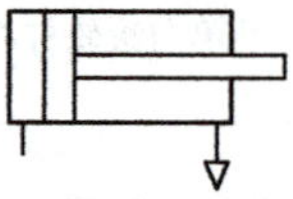	单作用负载返回	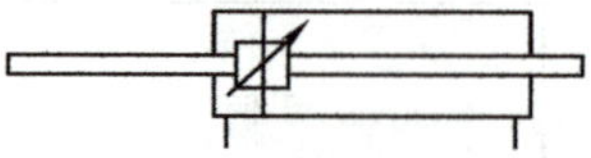	双作用双杆
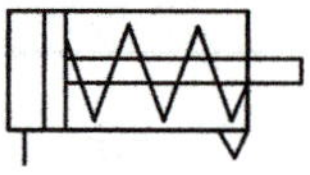	单作用弹簧返回	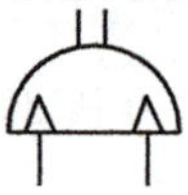	摆动气缸
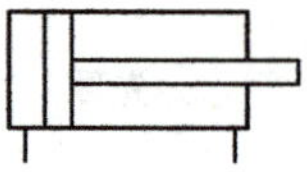	双作用无缓冲	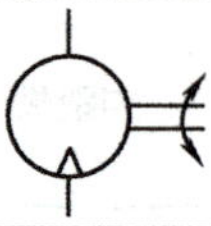	单向气马达
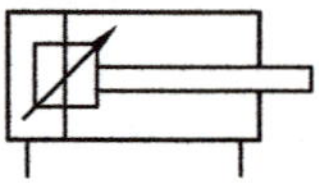	双作用可调气缓冲	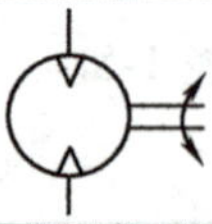	双向气马达

2. 常用气动基本回路

气动基本回路按其功能分为方向控制回路、压力控制回路、速度控制回路和其他常用基本回路，分别如图 1-47～图 1-49 所示。

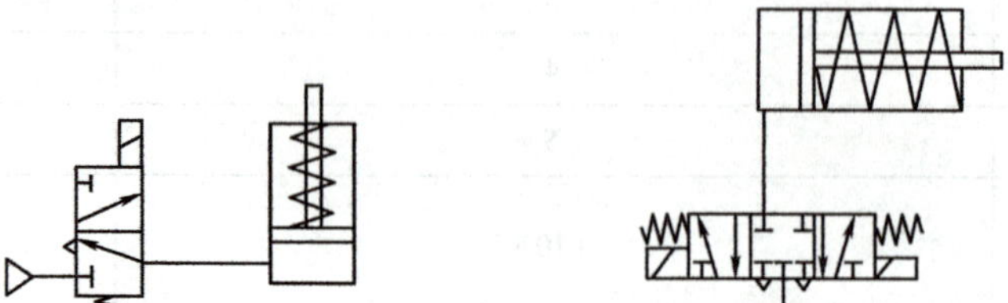

a) 二位三通电磁阀控制的换向回路　　b) 三位五通电磁阀控制的换向回路

图 1-47 单作用气缸换向回路

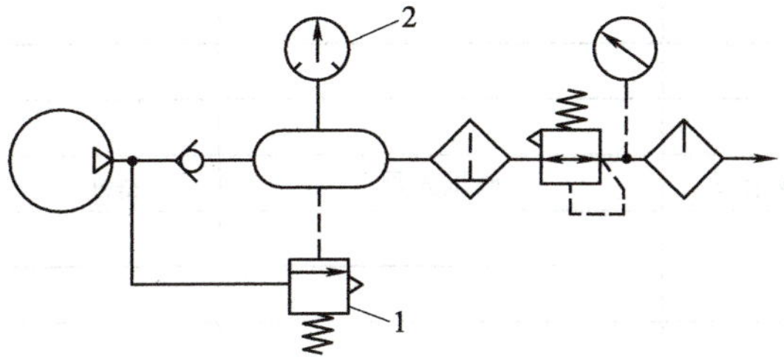

图 1-48　一次压力控制回路

1—溢流阀　2—电接点压力表

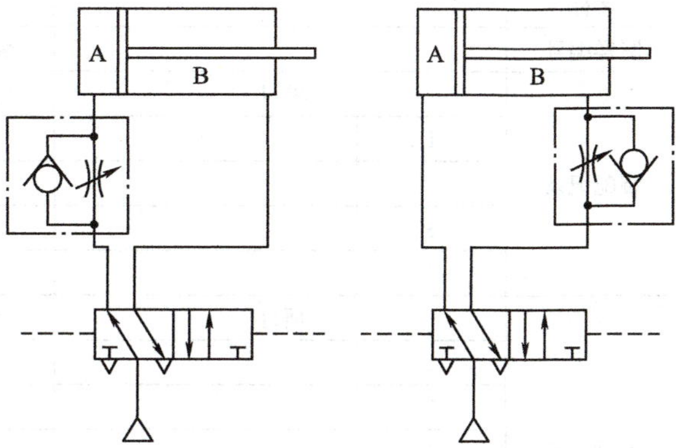

a) 供气节流调速回路　　b) 节流排气回路

图 1-49　双作用缸单向调速回路

【技能操作】——气动回路的检查与调试

一、调试前的准备

1）检查机械部分动作情况，经检查完全正常后，方可进行气动回路的调试。

2）熟悉说明书、气动原理图等有关技术资料，力求全面了解系统的原理、结构、性能和操作方法。

①阅读气动原理图。通过阅读气动原理图了解气动回路的概况和动作顺序及要求等。

②判断各行程发信元件，如机动行程阀或非门发信元件是否处于初始状态。

③详细检查各管道的连接情况，确保连接正确。

3）熟悉换向阀（包括行程阀等）的换向原理和气动回路的操作规程。

4）把压力调整到工作压力范围（一般为0.4~0.5MPa），然后观察系统有无泄漏，如发现泄漏处，应先解决泄漏问题。调试工作一定要在无泄漏情况下进行。

二、气动回路的调试

（1）手动调试　在正常工作压力下，按程序进程逐个进行手动调试，如发现机械部分或控制部分存在不正常现象时，应逐个予以排除，直至完全正常为止。

（2）自动调试　在手动动作完全正常的基础上，方可转入自动控制的调试工作。

1.3.3　机械部件装调记录单的填写

【相关知识】

在实际工作当中，完成某机械部件的装配和调试后，应当正确填写机械部件装调记录单并留存，以便进行以后的使用、维护及保养工作。表 1-8 为某机器人末端执行器的装调记录单。

表 1-8　某机器人末端执行器的装调记录单

名称			型号			
图样编号			装配时间		填表人	
装配记录	项目		完成情况	装配人员		备注
	1					
	2					
	3					
	4					
调试记录	项目		完成情况	调试人员		备注
	1					
	2					
	3					
	4					
	5					
	6					

装调记录单中应包含以下内容：

1）名称：填写此机械部件的名称，后期查阅使用时可以快速找到相应表单。

2）型号：填写此机械部件的型号，以便分辨不同型号的部件，防止出现混淆。

3）图样编号：记录机械部件装配所使用的装配图，为维修和保养部件提供依据。

4）装配时间：记录装配任务时间，确定保养周期。

5）装配记录及调试记录：填写装配和调试项目、完成情况及人员分配，如有特殊情况可在备注栏说明。

【技能操作】——工业机器人吸盘夹具装调记录单的填写

填写工业机器人吸盘夹具装调记录单，见表 1-9。

表 1-9　工业机器人吸盘夹具装调记录单

名称	工业机器人吸盘夹具		型号			
图样编号	SX-IM818H-09-00		装配时间	2022 年 6 月 1 日	填表人	
装配记录	项目		完成情况	装配人员		备注
	1	快换装置机器人侧与法兰盘的固定	完成	韩××		
	2	末端执行器的装配	完成	王××		
	3	末端执行器与工业机器人侧快换装置的固定	完成	李××		
调试记录	项目		完成情况	调试人员		备注
	1	机械部分检查	完成	李××		
	2	管道连接情况检查	完成	李××		
	3	功能调试 1	完成	王××		
	4	功能调试 2	完成	王××		
	5	功能调试 3	完成	王××		
	6	功能调试 4	完成	王××		

1.4　机械系统装调技能训练实例

技能训练 1　自动型快换夹具（法兰侧）的安装与调试

一、训练要求

根据要求完成自动型快换夹具（法兰侧）的安装与调试任务：

1. 快换夹具（法兰侧）安装

将快换夹具（法兰侧）外螺弯接头接好后，与工业机器人法兰盘安装在一起并加以紧固。

2. 气路安装

根据气路图，正确选用工具，完成快换夹具的气路连接，气路不许交叉，气密性应良好。机器人本体电磁阀与快换夹具气路连接如图 1-50 所示。

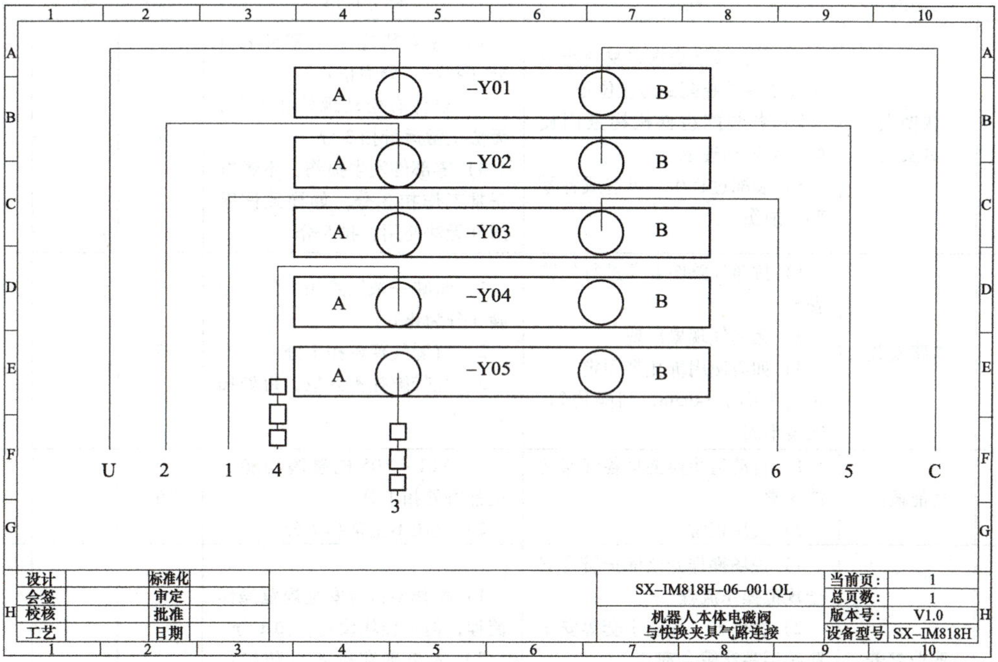

图 1-50　机器人本体电磁阀与快换夹具气路连接

二、工具及器材

工具及器材清单见表 1-10。

表 1-10　工具及器材清单

工具	活扳手、尖嘴钳、内六角扳手、十字螺钉旋具、斜口钳、PU 气管剪刀			
器材	序号	名称	型号及规格	数量
	1	电磁阀	7V0510-M5	5
	2	自动型快换夹具（夹具侧）	0X-03A	1
	3	外螺弯接头	J-KQ2L04-M5	6

（续）

	序号	名称	型号及规格	数量
器材	4	外螺直接头	J-KJH04-M5	2
	5	真空发生器	ZU07S	2
	6	直通变径接头	PG6-4	4
	7	内六角圆柱头螺钉	M5×11 不锈钢	4
	8	PU 气管	ϕ4mm	4m
	9	生料带		1
	10	堵头	M-5P	2

三、评分标准

评分标准见表 1-11。

表 1-11　评分标准

序号	主要内容	考核要求	评分标准	配分	扣分	得分
1	快换夹具安装	1）严格按照要求将材料清单中每个零件装配到对应位置 2）各装配组件机构紧固良好，无松动现象 3）装配过程中不可造成各零部件损伤	1）每未装配一个零件扣 1 分（扣满 7 分为止） 2）组件有松动现象扣 1 分，无法正常运行扣 3 分 3）零部件发生损伤，不影响正常工作扣 3 分，如导致该零部件无法使用，扣 5 分	7		
2	气路安装	1）按照气路图要求进行气路安装 2）无漏气现象出现 3）如需使用绑扎带固定，扎带间距小于 60mm，间隔均匀，安装牢固	1）每缺一条气路扣 1 分（扣满 5 分为止） 2）有漏气现象扣 1 分 3）扎带绑扎不到位，每处扣 0.5 分	5		
3	功能调试	1）自动型快换夹具各气路功能正常 2）气压正常	1）Y01～Y05 电磁阀功能不正常每处扣 1 分 2）气压不正常扣 1 分	6		
4	职业素养和安全规范	1）现场操作安全保护符合安全规范操作流程 2）劳保鞋、安全手套等安全防护用品穿戴合理 3）遵守考核纪律，尊重考核人员 4）爱惜设备器材，保持工作的整洁	1）操作不符合安全规范操作流程，但未损坏设备，扣 1 分 2）未正确穿戴安全防护用品，扣 0.5 分 3）工作场地不整洁，扣 0.5 分	2		
备注			合计			
			考评员签字　　年　月　日			

四、操作步骤

1. 安装步骤

1）检查所有器材的数量和质量，如图 1-51 所示。

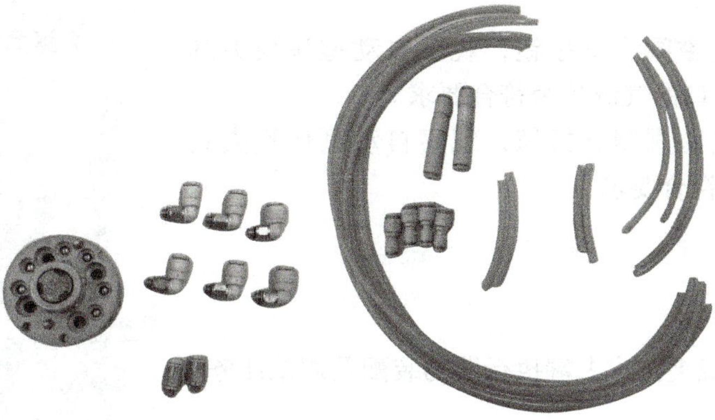

图 1-51　检查器材

2）将直通接头和弯接头安装在自动型快换夹具上。如图 1-52 所示。

3）使用内六角扳手将自动型快换夹具与工业机器人法兰盘连接在一起。如图 1-53 所示。

图 1-52　安装直通接头和弯接头

图 1-53　安装自动型快换夹具

4）真空发生器的连接，如图 1-54 所示。

5）根据气路图将气管插入相应快插接头。如图 1-55 所示。

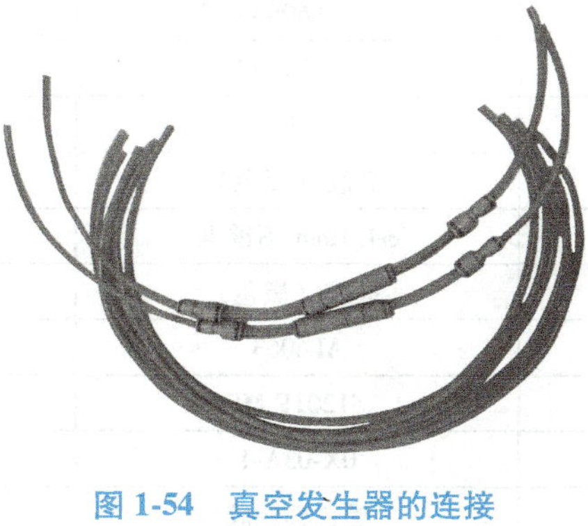

图 1-54　真空发生器的连接

图 1-55　将气管插入相应快插接头

6）按照要求绑扎气管，如图 1-56 所示。

2. 自动型快换夹具的检测

1）手动按下电磁阀测试按钮，观察自动型快换夹具U、C、1、2、5、6口的气流是否符合要求。

2）手动按下电磁阀测试按钮，观察自动型快换夹具3、4口的吸力是否符合要求。

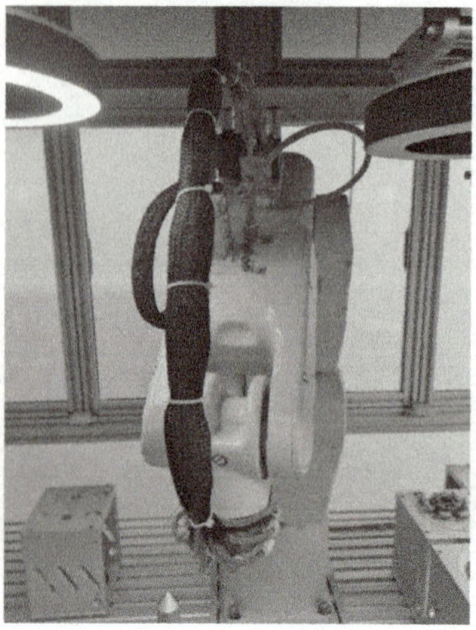

图 1-56 气管的绑扎

技能训练 2 夹持式末端执行器的安装与调试

一、训练要求

根据装配图完成夹持式末端执行器的装配及调试任务：

1. 组件装配

根据技术要求，按照装配图完成夹具机械部分装配，将明细栏中每个零件装配到对应位置，各装配组件机构运行顺畅，不得有卡滞、异响现象。

2. 气路安装

根据所给的材料，正确选用工具，完成手爪的气路连接，气路不许交叉，气密性应良好。

3. 功能调试

通过手动控制电磁阀来控制夹具的夹持和松开，功能完好且力度合适。

二、工具及器材

根据如图 1-1 所示夹持式末端执行器装配图（即平行夹具装配图），选用工具及器材，见表 1-12。

表 1-12 工具及器材清单

工具	活扳手、尖嘴钳、内六角扳手、十字螺钉旋具、斜口钳、PU 气管剪刀			
器材	序号	名称	型号及规格	数量
	1	内六角圆柱头螺钉	M4×10，不锈钢	8
	2	外螺弯接头	J-KQ2L04-M5	2
	3	十字槽沉头螺钉	M3×8，不锈钢	1
	4	基板	AL6063	1
	5	手爪	AL6063	2
	6	大口机械夹	HDT-1020	1
	7	气爪垫板	AL6063	1
	8	基板硅胶 2	硅胶（黑色）	2
	9	轻型弹簧垫圈	ϕ4. 1mm 不锈钢	4
	10	基板硅胶 1	硅胶（黑色）	2
	11	感应块	AL6063	2
	12	单向节流阀	J-AS1201F-M5-04	2
	13	自动型快换夹具（夹具侧）	0X-03A-1	1
	14	手爪胶垫二	黑色硅橡胶	2
	15	手爪胶垫一	黑色硅橡胶	4

（续）

	序号	名称	型号及规格	数量
器材	16	内六角圆柱头螺钉	M5×10，不锈钢	6
	17	堵头	M-5P	8
	18	PU 气管	ϕ4mm	3m
	19	生料带		1

三、评分标准

评分标准见表 1-13。

表 1-13 评分标准

序号	主要内容	考核要求	评分标准	配分	扣分	得分
1	组件装配	1）严格按装配图的要求将明细栏中每个零件装配到对应位置 2）各装配组件机构运行顺畅，不得有卡滞、异响现象 3）装配过程中不可造成各零部件损伤	1）每未装配一个零件扣 1 分（扣满 10 分为止） 2）组件无法顺畅运行，有卡滞、异响现象扣 1 分，无法正常运行扣 3 分 3）零部件发生损伤，不影响正常工作扣 3 分，如导致该零部件无法使用，扣 5 分	10		
2	气路安装	1）按照训练要求进行气路安装 2）无漏气现象出现 3）如需使用绑扎带固定，扎带间距小于 60mm，间隔均匀，安装牢固	1）每缺一条气路扣 2 分 2）有漏气现象扣 1 分 3）扎带绑扎不到位，每处扣 0.5 分	5		
3	功能调试	1）夹具可以正常夹持和松开 2）夹具夹持力度合适	1）夹具不能正常夹持，扣 1 分 2）夹具不能正常松开，扣 1 分 3）夹具夹持力度不够，扣 1 分	3		
4	职业素养和安全规范	1）现场操作安全保护符合安全规范操作流程 2）劳保鞋、安全手套等安全防护用品穿戴合理 3）遵守考核纪律，尊重考核人员 4）爱惜设备器材，保持工作的整洁	1）操作不符合安全规范操作流程，但未损坏设备，扣 1 分 2）未正确穿戴安全防护用品，扣 0.5 分 3）工作场地不整洁，扣 0.5 分	2		
备注			合计			
			考评员签字	年 月 日		

四、操作步骤

1. 装配操作

1）检查所有器材的数量和质量，如图 1-57 所示。

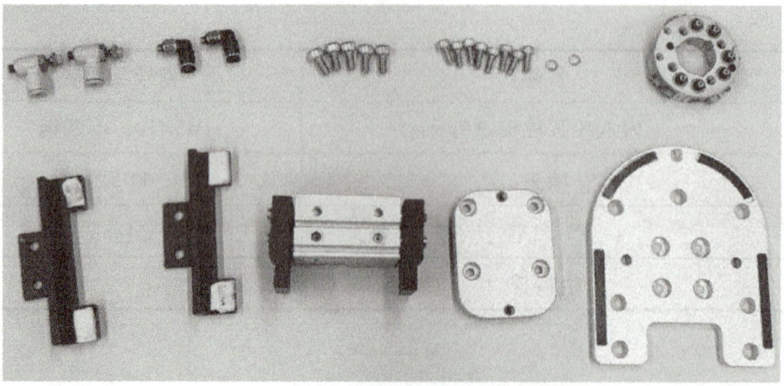

图 1-57　检查器材

2）将外螺弯接头安装在大口机械夹上，如图 1-58 所示。

3）使用内六角扳手将手爪安装在大口机械夹上，如图 1-59 所示。

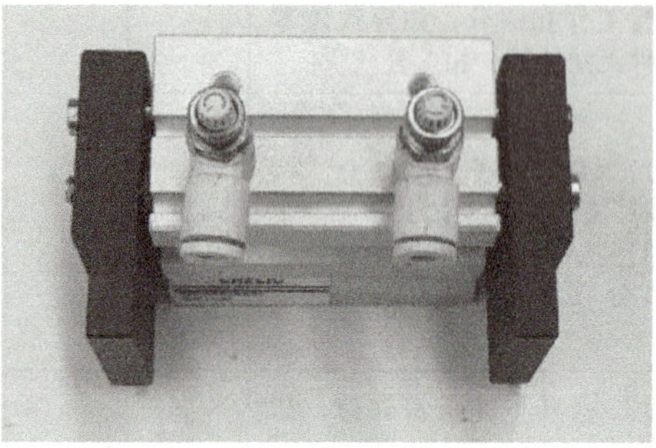

图 1-58　将外螺弯接头安装在大口机械夹上

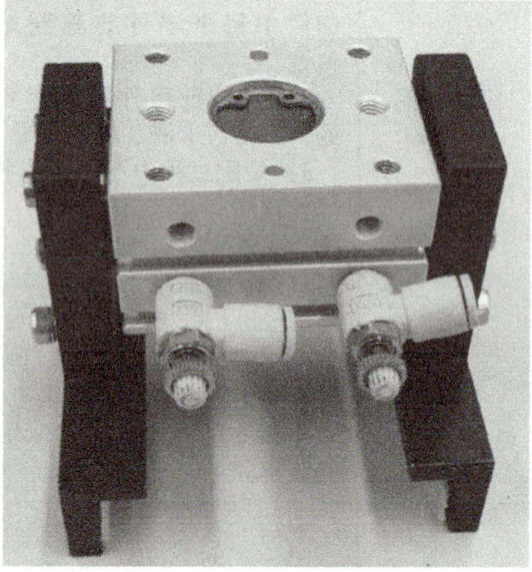

图 1-59　将手爪安装在大口机械夹上

4）连接外螺弯接头与自动快换机构，如图 1-60 所示。

5）将自动快换机构安装在基板上，如图 1-61 所示。

图 1-60　连接外螺弯接头与自动快换机构

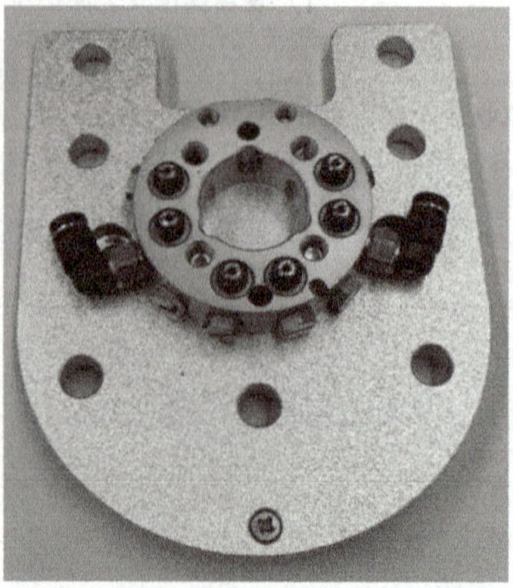

图 1-61　将自动快换机构安装在基板上

6）将大口机械夹安装在基板上，如图 1-62 所示。

7）连接夹具气路，如图 1-63 所示。

图 1-62　将大口机械夹安装在基板上

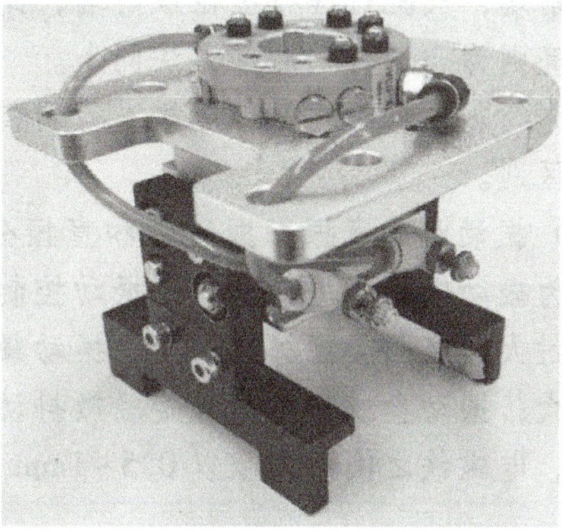

图 1-63　连接夹具气路

2. 夹持式末端执行器的检测

1）将装配完成的末端执行机构安装到自动快换机构机器人法兰侧。

2）手动调整电磁阀，检测夹爪气缸夹持、松开动作及夹持力大小。

小提示

任何机械包括工业机器人或者其他非标自动化设备在使用前都要进行调试，在装配非标自动化设备时，合理灵活运用一些技巧可以帮助快速调试成功，以提高企业的经济效益，降低设备的生产成本。

1）了解产品特性，包括外观、尺寸、公差、结构和工艺等。

2）将零件（包含标准件和非标加工件）擦拭干净，将最核心部分的零件挑出来，从最核心的零部件开始装配调试。装配过程中应该检查测量所装部件的精度，确保横平、竖直、同心度问题。

3）对于单气缸推拉或升降部分，应保证拉要到位，推也要到位，并且不能有异常阻力。

4）应确保旋转部分的平衡度、垂直度、同心度，以达到摆臂、分度的精度。

5）有销钉孔和卡槽的地方应擦拭干净，选择合适的销钉进行定位，销钉单边紧配，以方便拆卸和装配；卡槽精度应控制在 0.02mm 以内，以确保二次装配时的精度，内部需做抛光处理，可防止产品刮伤、刮花。

6）送料部分的料道依据产品而定，公差带为 0.1mm 左右，可以保证产品在料道中通过时畅通无阻。

7）丝杠、滑轨在装配时应特别注意，除螺母和滑轨不可滑出丝杠和滑轨以外，还应避免滚珠掉出来导致产品报废或影响精度。在确保零件的平行度、垂直度和同心度以后，才能进行装配，以防止不合格零件在装配时将丝杠和滑轨固定变形导致报废。

8）阀门的速度调节。阀门（常用排气节流阀）的速度应以在不影响生产率的前提下刚好将产品运走的速度为最佳状态。阀门速度过快会有振动或将产品抖飞，过慢会降低生产率。

9）常用元器件调节及故障处理：

①磁性开关（常称为感应器），气缸感应分前感和后感。调整前感应时将前感推至气缸的最前端，气缸行程也应在最前端，此时感应器应处于灭灯状态，将感应器从前端往后推至刚亮则为合适。调后感方法同上。

②光纤。根据不同品牌规格进行调整，操作不一样但原理一样，注意反射光纤和对射光纤的区别。

10）振动盘、直振。振动盘和直振分为两个部分，即振动部分和控制部分。振动部分主要为振动磁铁，控制部分为振动控制器，控制器上有电源开关和电压、频率按钮。振动频率过大，产品会振掉或回走；振动频率过小，产品微动或不动。若将振动频率和电压调至最大，振动盘或者直振还是轻微抖动，应该检查电磁铁之间的间隙或钢片是否松动或者断裂，电磁铁之间的间隙以0.5~1mm最合适，根据情况适当调整。

复习思考题

1. 什么是装配图？
2. 常见机械装配工量具有哪些？如何使用？
3. 常见工装夹具有哪些？如何使用？
4. 工业机器人的分类有哪些？
5. 简述工业机器人系统的组成。

项目 2

电气系统装调

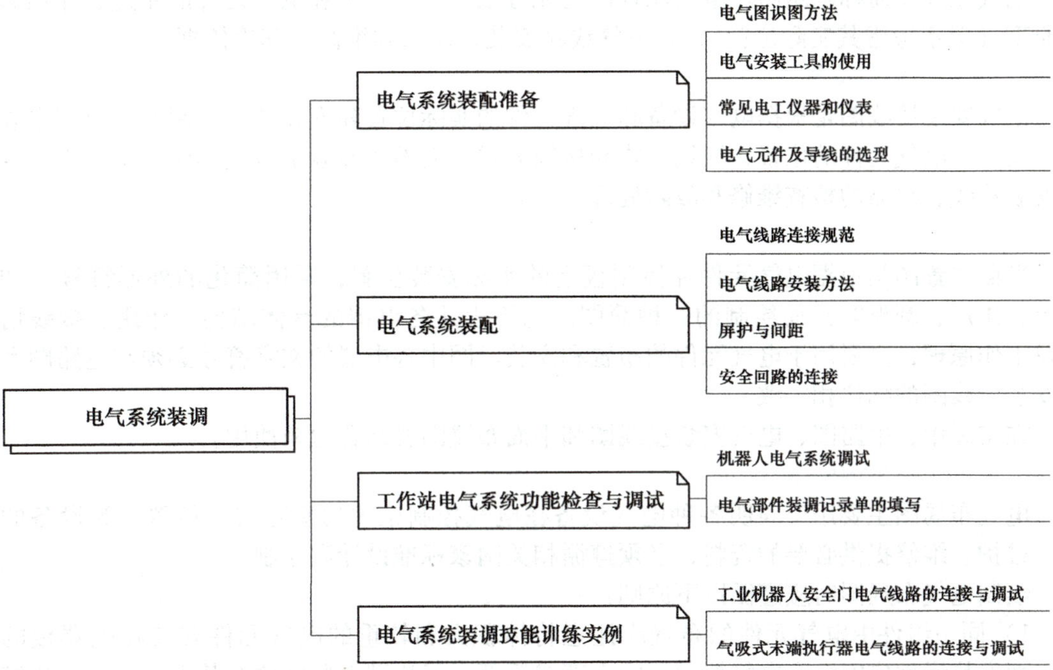

知识目标：

1. 掌握电气图识图方法。
2. 掌握电气安装工具的使用方法。
3. 掌握仪器、仪表的规格、用途、选择及使用方法。
4. 掌握电气元件、导线和电缆线的规格、型号及命名规范。

技能目标：

1. 能识读机器人工作站或系统的电气原理图、电气安装接线图和平面布置图等。
2. 能根据电气系统装配要求选用安装工具、仪器和仪表。
3. 能按照电气装配清单要求辨识电气元件、导线和电缆线的规格。

2.1 电气系统装配准备

2.1.1 电气图识图方法

【相关知识】

一、电气图的相关知识

电气图的种类繁多，常见的有电气原理图、电气安装接线图、展开接线图、平面布置图和剖面图。其中以电气原理图、电气安装接线图和平面布置图最为重要。

1. 电气原理图

电气原理图简称电路图。电气原理图能充分表达电气设备和电气元件的用途、作用和工作原理（但不考虑其实际位置），是电气线路安装、调试和维修的理论依据。

2. 电气安装接线图

电气安装接线图是根据电气设备和电气元件的实际位置和安装情况绘制的，只用来表示电气设备和电气元件的位置、配线方式和接线方式，而不明显表示电气动作原理。它主要用于安装接线、线路的检查维修和故障处理。

3. 平面布置图

平面布置图是根据电气元件在控制板上的实际安装位置，采用简化的外形符号（如正方形、矩形、圆形等）而绘制的一种简图。它不表达各电器的具体结构、作用、接线情况以及工作原理，主要用于电气元件的布置和安装。图中各电器的文字符号必须与电路图和电气安装接线图的标注相一致。

在实际中，电路图、电气安装接线图和平面布置图要结合起来使用。

二、电气布局图的概念

电气布局图主要用于表明各种电气设备在电气控制柜中的实际安装位置，为设备的安装、维护、维修提供必要的资料，必须遵循相关国家标准设计和绘制。

绘制电气布局图时应遵循以下原则：

1）同一组件中电气元件的布置应注意将体积大和较重的电气元件安装在电器板的下部，而发热元件应安装在电气控制柜的上部或后部，但热继电器宜放在其下部，因为热继电器的出线端直接与电动机相连便于出线，而其进线端与接触器直接相连接，便于接线并使走线最短，且宜于散热。

2）强电、弱电要分开并注意屏蔽，以防止弱电信号遭受强电和外界的干扰。

3）需要经常维护、检修、调整的电气元件安装位置不宜过高或过低，人力操作开关及需经常监视的仪表的安装位置应符合人体工程学原理。

4）电气元件的布置应该考虑安装间隙，并尽可能做到整齐、美观。

三、工作站电气系统的构成

工作站电气系统是指由低压电器组成的控制系统，也称为低压配电系统。图 2-1 所示为某工作站的电气安装布局图，从中可以分析出电气系统的构成和电气元件的实际安装位置。

四、电气原理图中元器件的布局规则

1）电气原理图中元器件的布局，应根据便于阅读的原则安排。主电路安排在图的左侧或上方，辅助电路安排在图的右侧或下方。无论主电路还是辅助电路，均按功能布置，尽可能按动作顺序从上到下、从左到右排列。

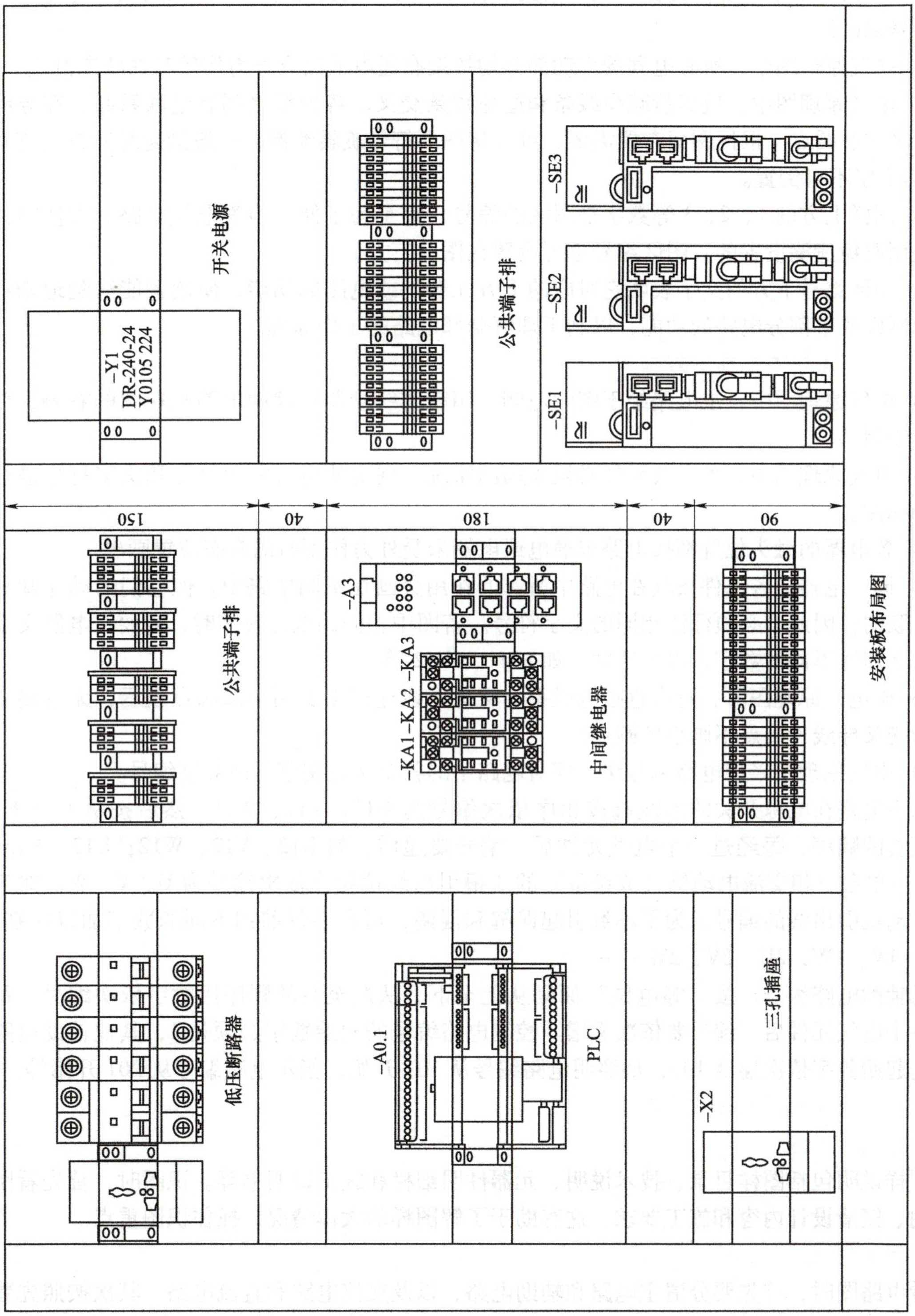

图 2-1　某工作站的电气安装布局图

2）电气原理中，当同一元器件的不同部件分散在不同位置时，为了表示是同一元器件，要在元器件的不同部件处标注统一的文字符号。对于同类元器件，要在其文字符号后加数字序号来区别。

3）电气原理图中，所有电器的可动部分均按没有通电或没有外力作用时的状态画出。

4）电气原理图中，应尽量减少线条和避免线条交叉。各导线之间有电联系时，在导线交点处画实心圆点。根据图面布置需要，可以将图形符号旋转绘制，一般沿逆时针方向旋转90°，但文字不可倒置。

5）图样上方的1、2、3等数字是图区的编号，它是为了便于检索电气电路、方便阅读分析从而避免遗漏设置的。图区编号也可设置在图的下方。

6）图区编号下方的文字表明它对应的下方元器件或电路的功能，使读者能清楚地知道某个元器件或某部分电路的功能，以利于理解全部电路的工作原理。

五、绘制电气原理图的方法

1）电气原理图中，主电路绘于图的左侧，用粗实线绘制；辅助电路画在图的右侧，用细实线绘制。

2）电气原理图中，各电气元件必须采用国家统一规定的电气图形符号和文字符号进行绘制和标注。

3）各电器的触头位置都按电路未通电或电器未受外力作用时的常态位置画出。

4）同一电器的各部件按其在电路中所起的作用分画在不同电路中，但它们的动作却是相互关联的，因此，必须标注相同的文字符号。若图中相同的电器较多时，需要在电器文字符号后面加注不同的数字，以示区别，如KM1、KM2等。

5）画电气原理图时，对有直接电联系的交叉导线连接点要用小黑圆点表示，无直接电联系的交叉导线连接点不画小黑圆点。

6）电气原理图采用电路编号法，即对电路中的各个接点用字母或数字编号。

①主电路在电源开关的出线端按相序依次编号为U11、V11、W11，然后按从上至下、从左至右的顺序，每经过一个电气元件后，编号要递增，如U12、V12、W12；U13、V13、W13……单台三相交流电动机（或设备）的3根引出线按相序依次编号为U、V、W。对于多台电动机引出线的编号，为了不致引起误解和混淆，可在字母前用不同的数字加以区别，如1U、1V、1W；2U、2V、2W……

②辅助电路编号。按“等电位”原则从上至下、从左至右的顺序用数字依次编号，每经过一个电气元件后，编号要依次递增。控制电路编号的起始数字必须是1，其他辅助电路编号的起始数字依次递增100，如照明电路编号从101开始，指示电路编号从201开始等。

六、识读电气图的基本步骤

1. 看图样说明

图样说明包括图样目录、技术说明、元器件明细栏和施工说明书等。识图时，首先看图样说明、搞清设计内容和施工要求，这有助于了解图样的大体情况，抓住识图重点。

2. 看电路图

看电路图时，首先要分清主电路和辅助电路，以及交流电路和直流电路。其次按照先看主电路，再看辅助电路的顺序读。看主电路时，通常从下往上看，即从电气设备开始，经控制元件，顺次往电源看；看辅助电路时，则自上而下、从左向右看，即先看电源，再顺次看各条回路，分析各条回路元件的工作情况及其对主电路的控制关系。

通过看主电路，要搞清用电设备是怎样取得电源的，电源经过哪些元件到达负载灯。通过看辅助电路，要搞清它的回路构成，各元件间的联系、控制关系和在什么条件下回路构成通路或断路，并理解动作情况。

3. 看安装接线图

看安装接线图时，也要先看主电路，再看辅助电路。看主电路时，从电源引入端开始，顺次经控制元件和线路到用电设备；看辅助电路时，要从电源的一端到电源的另一端，按元件的顺序对每个回路进行分析研究。

安装接线图是根据电气原理绘制的，对照原理图看安装接线图是有帮助的。回路标号是电气元件间导线连接的标记，标号相同的导线原则上都是可以接到一起的。要弄清接线端子板内外电路的连接方式，内外电路的相同标号导线要接在端子板的同号接点上。另外，弄清安装现场的土建情况和设备分布情况，对安装工作有很大的帮助。

【技能操作】——工作站电气原理图的识读

一、电气原理图的构成

如图 2-2 所示的某工作站电气原理图一般由主电路、控制电路、保护电路 3 部分组成，具体说明如下：

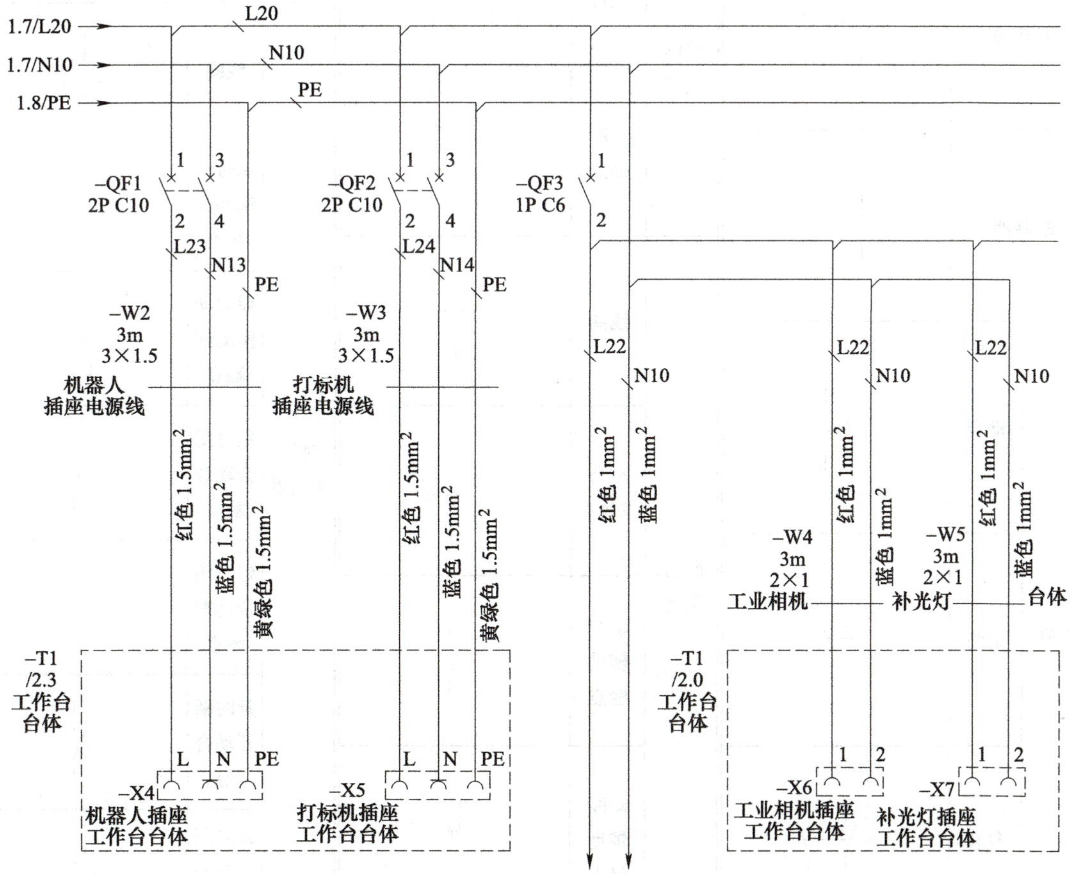

图 2-2　某工作站电气原理图

1）主电路。主电路为用电器供电的电路，是受控制电路控制的电路。

2）控制电路。控制电路是指给控制元件供电的电路，是控制主电路动作的电路，也可以说是给主电路发出信号的电路。

3）保护电路。鉴于电源电路存在一些不稳定因素，而设计用来防止此类不稳定因素影响电路效果的回路，称为保护电路。

二、电气原理图的识读

1. 识读电气图形符号

常用电气图形符号见表 2-1，其他电气图形符号见表 2-2。

表 2-1 常用电气图形符号

名称		符号
三相笼型异步电动机		
刀开关		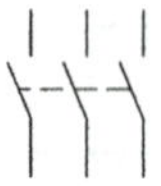
断路器		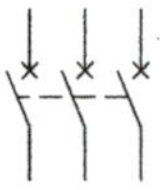
按钮	动合	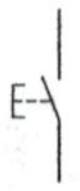
	动断	
	复合	
熔断器		
热继电器	发热元件	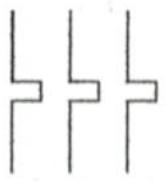
	动断触点	
交流接触器	线圈	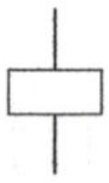
	动合主触点	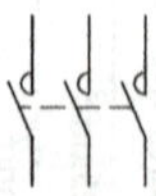
	动合辅助触点	
	动断辅助触点	
行程开关	动合触点	
	动断触点	
时间继电器	线圈	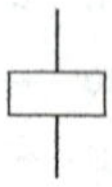
	瞬时动作动合触点	
	瞬时动作动断触点	
	延时闭合动合触点	
	延时闭合动断触点	
	延时断开动合触点	
	延时断开动断触点	

表 2-2　其他电气图形符号

电气元件名称	图形符号	电气元件名称	图形符号
220V 供电	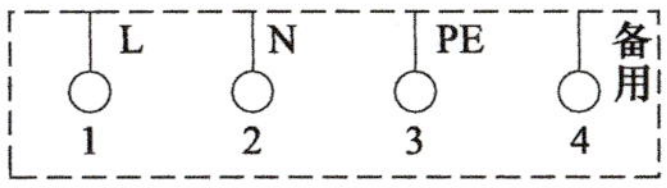	插座	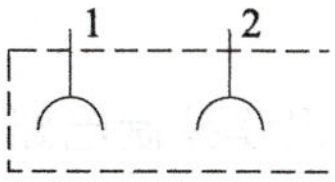
接地端	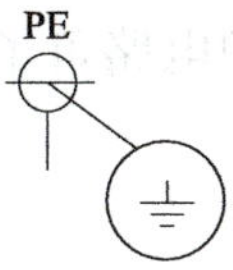	开关电源	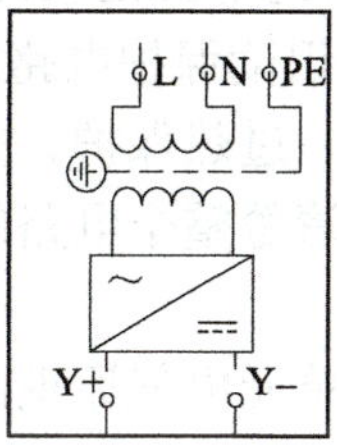
漏电保护断路器	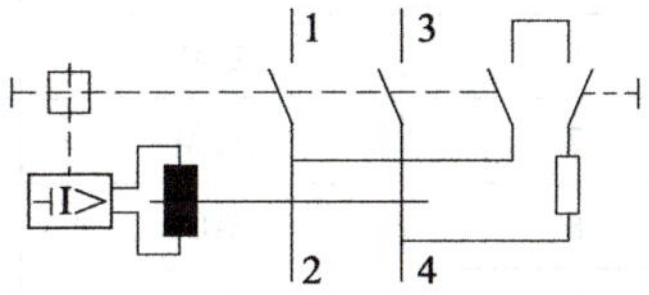	信号（指示）灯、照明灯	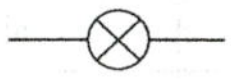
断路器	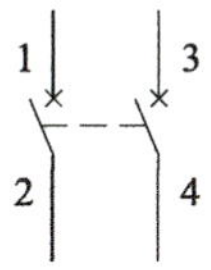		

2. 识读电气原理图总控单元

总控单元电气原理图中一些字符的含义见表 2-3。

表 2-3　总控单元电气原理图中一些字符的含义

序号	字符	含义	序号	字符	含义
1	YE	黄色	7	BN	棕色
2	GN	绿色	8	GY	灰色
3	RD	红色	9	EL	灯
4	BU	蓝色	10	P24	24V 的正极
5	YEGN	黄绿色	11	N24	24V 的负极
6	BK	黑色	12	E-STOP	紧急停止

（1）识读主电路的要点

1）看电源，了解主电路的电源是380V还是220V。

2）看主电路是为什么用电设备服务的（如电动机）。

3）看电路图上面的横向区域编号和页码，通过此两项可快速查找电路分支连接的相应图样页码。

（2）识读控制电路的要点

1）看清电源是什么电源，是直流还是交流。

2）看清电源是从何处接来，电压有多大，根据辅助电路研究主电路的动作情况。

（3）识读保护电路的要点　在工作站设计中，保护电路比比皆是，如过电流保护、过电压保护、过热保护、空载保护、短路保护等，识读保护电路可了解整个电路中的保护机制，从而清楚整个电路的工作原理。

3. 识读电气原理图执行单元

执行单元电气原理图中一些字符的含义见表2-4。

表2-4　执行单元电气原理图中一些字符的含义

序号	字符	含义	序号	字符	含义
1	PULSE	伺服脉冲信号	6	INP	定位结束信号
2	SIGN	伺服正反转信号	7	ALM	报警信号
3	SON	伺服开启信号	8	RD	伺服准备就绪信号
4	RES	伺服复位信号	9	KA	中间继电器
5	EM	外部紧急停止信号			

2.1.2　电气安装工具的使用

【相关知识】

一、剥线钳

剥线钳是电工、电动机修理工、仪器仪表电工常用的工具之一，用来供电工剥除电线头部的表面绝缘层。剥线钳可以使得电线被切断的绝缘皮与电线分开，还可以防止触电，如图2-3所示。

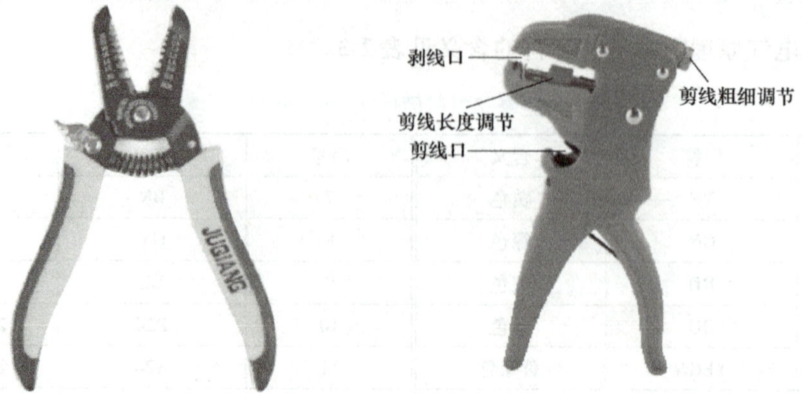

图2-3　剥线钳

二、压线钳

压线钳是用来压制端子的，会将导线与端子的连接部分压装成为方形柱状，并且表面会形成凹凸槽，防止松动。在兼顾美观的情况下，压线钳还可以确保导线与元件的可靠连接。

压线钳大致可以分为两种类型，一种是手压钳，一种是液压钳。手压钳适用于直径为35mm以下的导线；液压钳主要依靠液压传动机构产生压力，达到压接导线的目的，适用于压接直径为35mm以上的多股导线。压线钳如图2-4所示。

三、网线钳

网线钳是用来压接网线或电话线和水晶头的工具，因地域不一样名称也不尽相同，例如网络端子钳、网络钳 、线缆压线钳和网线钳等，如图2-5所示。

图2-4　压线钳

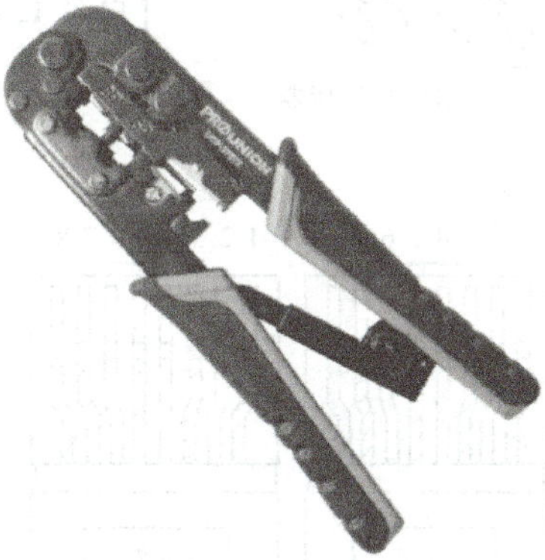

图2-5　网线钳

四、水晶头

水晶头是一种能沿固定方向插入并自动防止脱落的塑料接头，俗称“水晶头”，专业术语为RJ-45连接器（RJ-45是一种网络接口规范，类似的还有RJ-11接口，即人们平常所用的电话接口，用来连接电话线）。之所把它称为“水晶头”，是因为它的外表晶莹透亮，如图2-6所示。水晶头适用于设备间或水平子系统的现场端接，外壳材料采用高密度聚乙烯。每条双绞线两头通过安装水晶头与网卡和集线器（或交换机）相连。

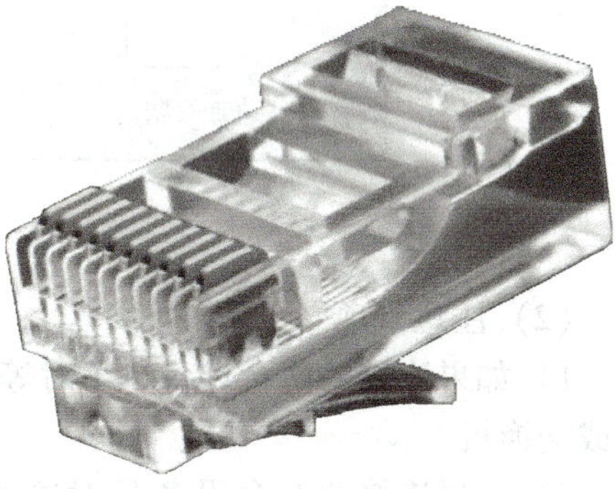

图2-6　水晶头

【技能操作】

一、剥线钳的使用

1）根据缆线的粗细型号，选择相应的剥线刀口。

2）将准备好的电缆放在剥线钳的刀刃中间，选择好要剥线的长度。

3）握住剥线钳手柄，将电缆夹住，缓缓用力使电缆外表皮慢慢剥落。

4）松开剥线钳手柄，取出电缆线，这时电缆金属整齐地露在外面，其余绝缘塑料完好无损。

二、网线的制作

（1）网线的水晶头接法　网线有两种接法，一种是交叉线，一种是平行（直连）线，如图 2-7 所示。

1）交叉线的接法。一头采用 T568A 标准，一头采用 T568B 标准。

2）平行（直连）线的接法。两头同为 T5684 标准或 T568B 标准，T568B 平行（直连）线的接法比较常用。

T568A 标准：绿白绿橙白蓝蓝白橙棕白棕。

T568B 标准：橙白橙绿白蓝蓝白绿棕白棕。

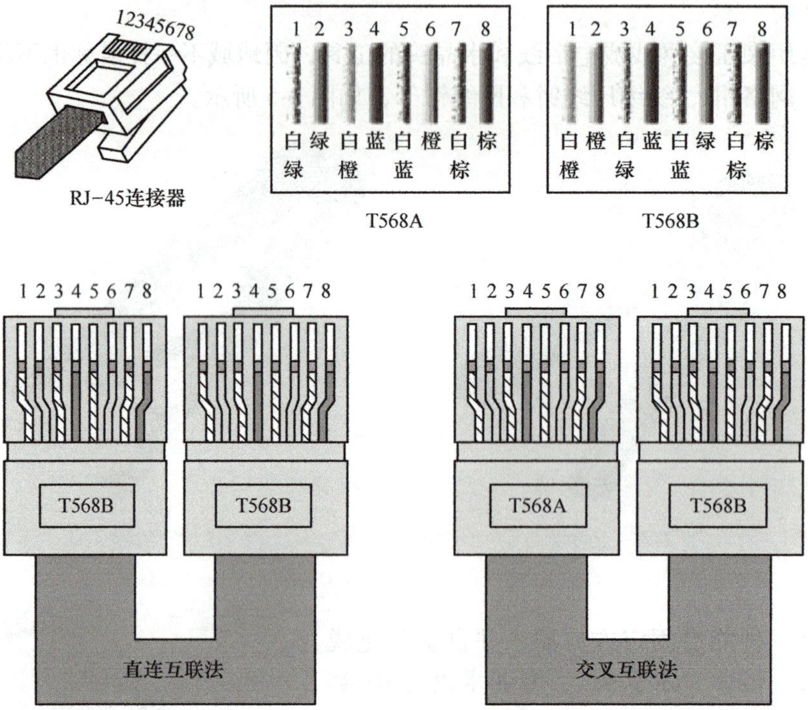

图 2-7　网线的接法

（2）注意事项

1）如果连接的两台设备是不对等的，则使用平行（直连）线，如由计算机连接到路由器或交换机。

2）如果连接的两台设备是对等的，则使用交叉线，如由一台计算机连接到另一台计算机。

3）百兆网以内可以采用 1236 接法，千兆网络必须接 8 根，因为一般网线用的只有 1、2、3、6，其他就算没接通一样可以使用。

（3）制作方法

1）先抽出一小段双绞线，然后剥除一段外皮。

2）将双绞线反向解开。

3）根据标准排线。一般使用 T568B 标准的直连接法。具体排线方法是：先按“橙绿蓝棕，白在前”顺序理好线，再 4-6 交叉，交叉后顺序即是“橙白、橙、绿白、蓝、蓝白、绿、棕白、棕”。另一端接线顺序一样。但也有特殊情况，如双机直接互联和网络转接时需要用交叉接法：一端按 T568B 顺序，即按上面的顺序；另一端按 T568A 顺序，具体排线方法是先按“橙绿蓝棕，白在前”顺序理好线，先 4-6 交叉，再 1-3、2-6 交叉，交叉结果为“绿白、绿、橙白、蓝、蓝白、橙、棕白、棕”。线的排列顺序：左手拿线，线头朝外，顺序是从左到右数。右手拿插头，金属簧片朝上插入线芯。

4）剪齐线头。

5）插入插头，8 根线要遵循同一标准。

6）用卡线钳夹紧。

7）使用测试仪测试。

2.1.3　常见电工仪器和仪表

【相关知识】

一、低压验电器

低压验电器使用时，必须按图 2-8b 所示的正确方法把笔握住，以手指触及笔尾的金属体，使氖管小窗背光朝自己。

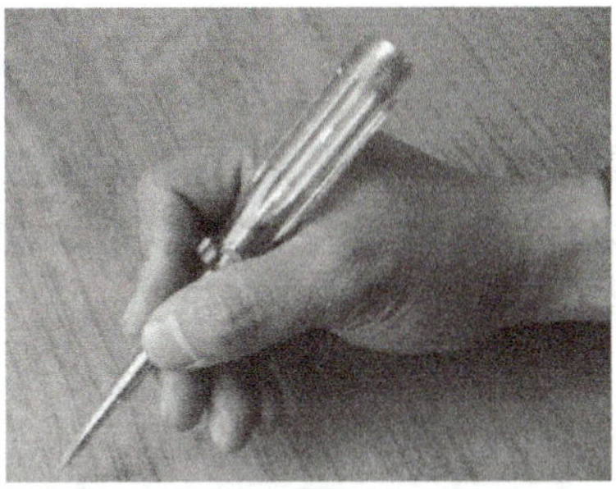

a) 错误握法

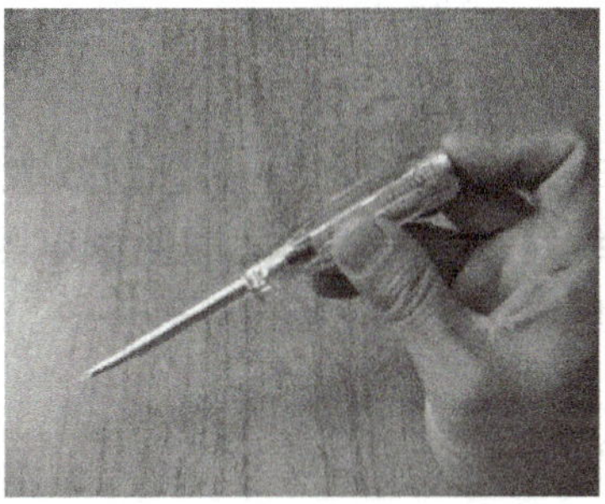

b) 正确握法

图 2-8　低压验电器的使用方法

当用验电器测试带电体时，电流经带电体、验电器、人体、地形成回路，只要带电体与大地之间的电位差超过 60V，验电器中的氖泡就发光。低压验电器测试范围为 60~500V。

数显式低压验电器的使用如图 2-9 所示，通过显示窗可以读出被测电压的大概数值。

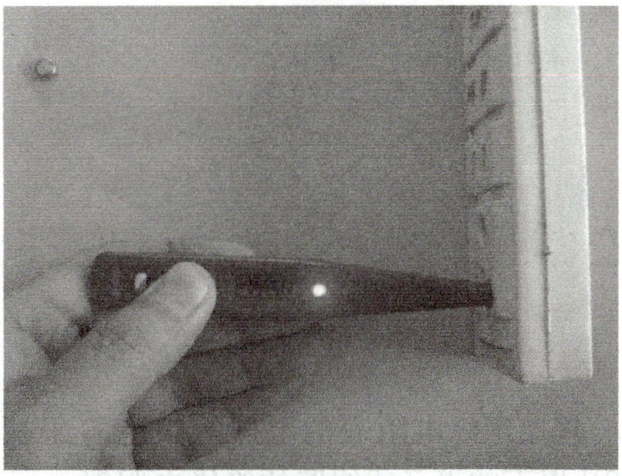

图 2-9　数显式低压验电器的使用

二、万用表

万用表根据其结构和用途分为模拟式（指针式）万用表和数字式万用表两大类。模拟式万用表如图 2-10 所示，数字式万用表如图 2-11 所示。万用表可用于测量直流电压、交流电压、直流电流、交流电流、电阻以及判断二极管、晶体管的极性等。

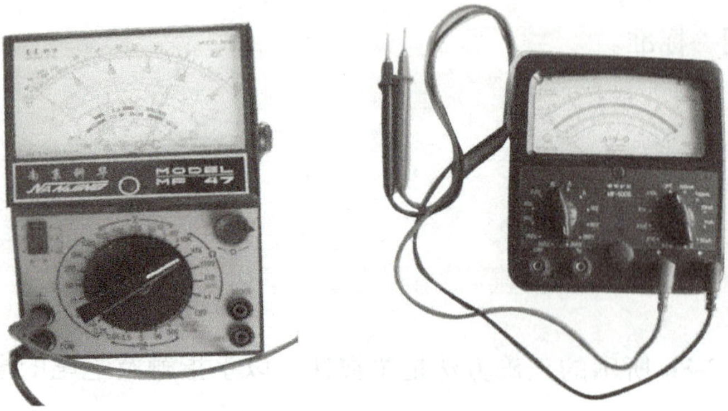

a) MF47万用表　　b) MF500型万用表

图 2-10　模拟式万用表

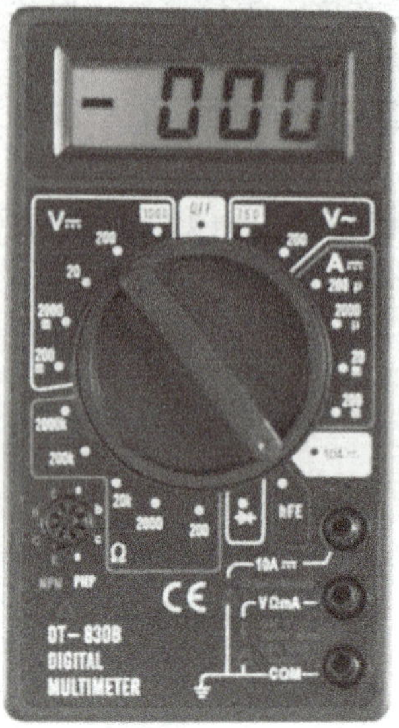

图 2-11　数字式万用表

三、绝缘电阻表

绝缘电阻表是电工常用的一种测量仪表（常称为兆欧表），主要用来检查电气设备、家用电器或电气线路对地及相互间的绝缘电阻，以保证这些设备、电器和线路工作在正常状态，避免发生触电伤亡及设备损坏等事故。绝缘电阻表如图 2-12 所示。

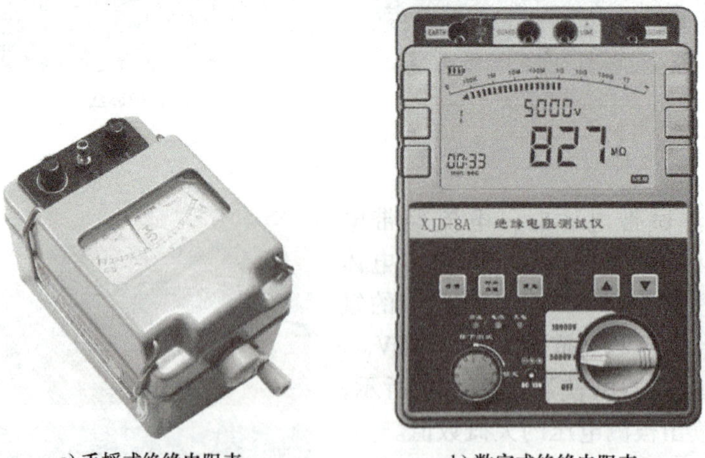

a) 手摇式绝缘电阻表　　b) 数字式绝缘电阻表

图 2-12　绝缘电阻表

规定绝缘电阻表的电压等级应高于被测物的绝缘电压等级。所以，测量额定电压在 500V 以下的设备或线路的绝缘电阻时，可选用 500V 或 1000V 绝缘电阻表；测量额定电压在 500V 以上的设备或线路的绝缘电阻时，应选用 1000～2500V 绝缘电阻表；测量绝缘子时，应选用 2500～5000V 绝缘电阻表。一般情况下，测量低压电气设备绝缘电阻时，可选用 0～200MΩ 量程的绝缘电阻表。

四、钳形电流表

钳形电流表由电流互感器和电流表组合而成。电流互感器的铁心在捏紧扳手时可以张开；被测电流所通过的导线可以不必切断就可穿过铁心张开的缺口，当放开扳手后铁心闭合。

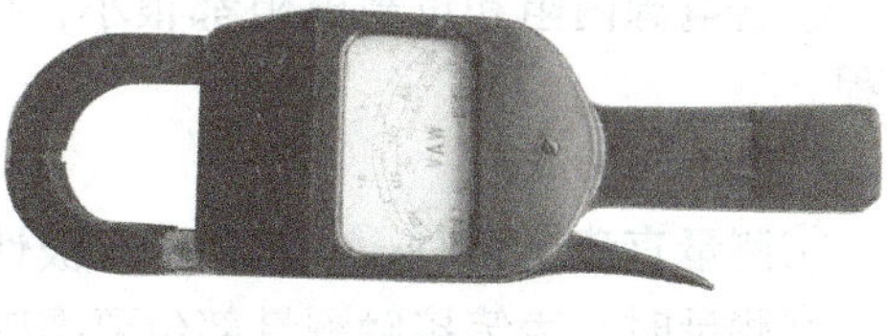
图 2-13　互感器式钳形电流表

老式的互感器式钳形电流表如图 2-13 所示，它主要用于能测量交流电流，有些还可测量交流电压。

【技能操作】

一、万用表的使用

1. 模拟式万用表的使用

（1）使用前要调零　为了减小测量误差，在使用万用表前应先进行机械调零。在测量电阻前，还要进行欧姆调零。

（2）要正确接线　万用表面板上的插孔和接线柱都有极性标记。使用时，将红表笔与“+”极性孔相连，黑表笔与“-”极性孔相连。测量直流量时，要注意正、负极性不得接反，以免指针反转。测量电流时，万用表应串联在被测电路中；测量电压时，万用表要并联在被测电路两端。在用万用表测量晶体管时，应牢记万用表的红表笔与内部电池的负极相接，黑表笔与内部电池的正极相接。

（3）要正确选择测量挡位　测量挡位包括测量对象和量程。如测量电压时应将转换开关放在相应的电压挡，测量电流时应放在相应的电流挡等。如误用电流挡去测量电压，会造成仪表损坏。选择电流或电压量程时，应使指针处在标度尺 2/3 以上的位置；选择电阻量程时，最好使指针处在标度尺的中间位置。这样做的目的是尽量减小测量误差。测量时，当不能确定被测电流、电压的数值范围时，应先将转换开关转至对应的最大量程，然后根据指针的偏转程度逐步减小至合适量程。

特别强调，严禁在被测电阻带电的情况下用欧姆挡去测量电阻。否则，外加电压极易造成万用表的损坏。

（4）测量

1）测电阻。右手握持两表笔，左手拿住电阻器中间处，将表笔跨接在电阻器的两引线上。

①估测被测电阻值。测量前，首先应估测被测电阻大小，具体方法是将万用表置于欧姆挡任意挡位，将两表笔短路，观察指针是否指在零位。然后将两表笔与被测电阻两端紧密接触，根据指针所指位置选择合适量程。

②万用表调零。万用表每次转换量程以后，都应先进行欧姆调零，其具体步骤是：将两表笔短路，观察指针是否指在零位，如果指针没有指在欧姆零位，可以左右调整欧姆调零器，直至指针指在欧姆零位。

③测量并读取测量结果。将两表笔与电阻两端接触，使指针指向中心位置附近。此时，将指针所指读数乘以欧姆量程，就得出被测电阻的阻值。

2）测直流电流。

①将开关量程放置在直流挡，根据被测电流选择合适的量程。测量时，将测试表笔串联在被测电路中，电流流入端与红表笔相接，流出端与黑表笔相接。

②若电源内阻和负载电阻都很小，应尽量选择较大的电流量程。不能带电变换挡位和量程。

3）测直流电压。

①测量直流电压时，一定要注意极性，红表笔放置在高电位，黑表笔放置在低电位。

②测量时，表笔接触测量部位要准确，且接触良好，不要碰触其他电路，否则将影响测量结果，甚至损坏万用表及测量电路。

③在测量相对于某一参考点的电位时，可将表笔一端固定在参考点进行单手操作。测量高内阻电源电压时，应尽量选择较高的电压量程，以减少表头内阻对量程结果的影响。测量带感抗电路的电压时，必须在切断电源前脱开万用表。

④测量较高电压时，需将红表笔插入 2500V 孔。

4）测交流电压。

①将开关量程放置在交流电压“~”挡，选择合适的量程挡位。

②将两表笔直接并接于被测电路或负载两端即可读数。

③读数方法同测直流电压。

（5）读数要正确　在万用表的表盘上有许多条标度尺，分别用于不同的测量对象。所以，测量时要在对应的标度尺上读数，同时应注意标度尺读数和量程的配合，避免出错。读数时万用表应摆平放正，双眼正视指针。

（6）使用万用表时的注意事项

1）万用表使用前要进行机械调零。

2）万用表测电流、测电压的方法与电流表、电压表相同。

3）测量电阻前要先进行欧姆调零。

4）严禁在被测电阻带电的情况下用万用表的欧姆挡测量电阻。

5）用万用表测量电阻时，所选择的倍率挡应使指针处于表盘的中间段。

6）万用表使用后，最好将转换开关置于最高交流电压挡或空挡。

2. 数字式万用表的使用

（1）测量电阻　测量电阻的方法如图 2-14 所示。

（2）测量直流电压　测量直流电压的方法如图 2-15 所示。

（3）测量交流电压　测量交流电压的方法如图 2-16 所示。

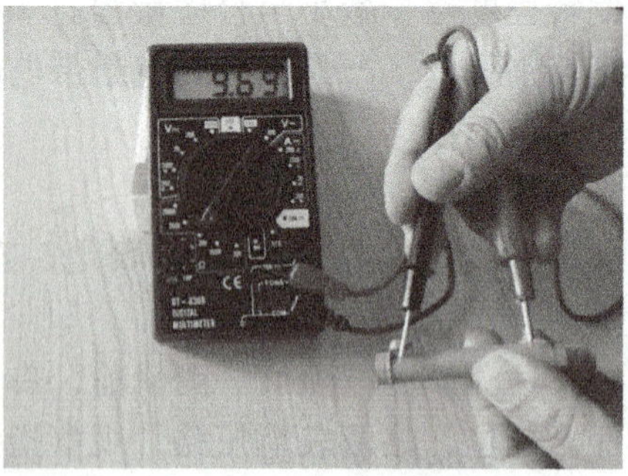

图 2-14　测量电阻的方法

除以上基本测量功能外，还可以测量半导体二极管管降压、三极管参数 h_{fe} 及线路通断判别测试。

二、绝缘电阻表的使用

1. 使用绝缘电阻表测量电气设备绝缘电阻的步骤

（1）正确选择绝缘电阻表　选择绝缘电阻表的原则：一是其额定电压一定要与被测电气设备或线路的工作电压相适应；二是绝缘电阻表的测量范围应与被测绝缘电阻的范围相符合，以免引起大的读数误差。

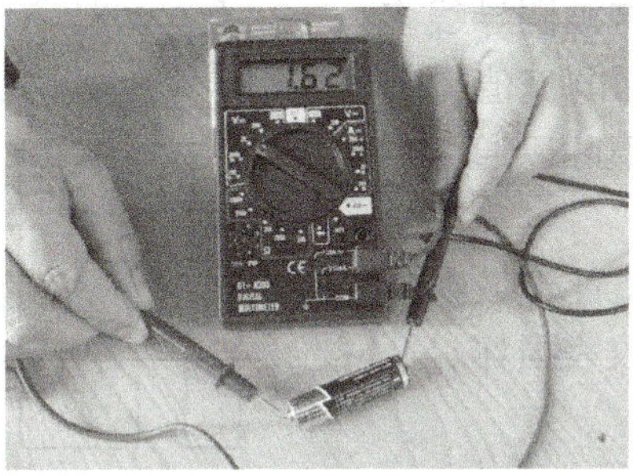

图 2-15　测量直流电压的方法

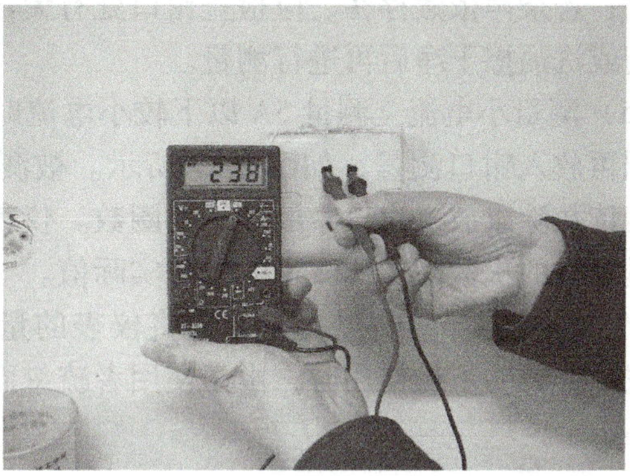

图 2-16　测量交流电压的方法

（2）绝缘电阻表的正确接线　绝缘电阻表有 3 个接线端钮，分别标有 L（线路）、E（接地）和 G（屏蔽），使用时应按测量对象的不同来选用。当测量电气设备对地的绝缘电阻时，应将 L 接到被测设备上，E 可靠接地即可。

（3）使用绝缘电阻表前的检查　使用绝缘电阻表前要先检查其是否完好。检查步骤是：在绝缘电阻表未接通被测电阻之前，摇动手柄使发电机达到 120r/min 的额定转速，观察指针是否指在标度尺的“∞”位置。再将端钮 L 和 E 短接，缓慢摇动手柄，观察指针是否指在标度尺的“0”位置。如果指针不能指在相应的位置，表明绝缘电阻表有故障，必须检修后才能使用。

2. 使用绝缘电阻表时的注意事项

1）测量绝缘电阻必须在被测设备和线路停电的状态下进行。对含有大电容的设备，测量前应先进行放电，测量后也应及时放电，放电时间不得少于 2min，以保证人身安全。

2）绝缘电阻表与被测设备间的连接导线不能用双股绝缘线或绞线，应用单股线分开单独连接，以避免线间电阻引起误差。

3）摇动手柄时应由慢渐快至额定转速 120r/min。在此过程中，若发现指针指零，说明被测设备存在短路，应立即停止摇动手柄，避免表内线圈因发热而损坏。

4）测量具有大电容设备的绝缘电阻时，读数后不能立即停止摇动绝缘电阻表，以防止已充电的设备放电而损坏绝缘电阻表。应在读数后一边降低手柄转速，一边拆去接地线。在绝缘电阻表停止转动和被测设备充分放电之前，不能用手触及被测设备的导电部分。

5）测量设备的绝缘电阻时，应记下测量时的温度、湿度、被测设备的状况等，以便于分析测量结果。

三、钳形电流表的使用

（1）测前检查　测量前先检查钳形表有无损坏。

（2）选择量程　估计被测电流的大小，选择合适的量程。若无法估计被测电流的大小，则应先从最大量程开始，逐步换成合适的量程。转换量程应在退出导线后进行。

（3）测量并读取测量结果　合上电源开关，将被测电流导线置于钳口内的中心位置，以免增大误差；若量程不对，应将导线退出钳口后转换量程开关。如果转换量程后指针仍摆动很小，需继续转换至较小量程。

（4）钳口接触　使用时钳口的结合面要保持良好的接触，如有杂声，应将钳口重新开合一次；若杂声依然存在，应检查钳口处有无污垢存在，如有，可用酒精或汽油擦干净后再进行测量。

（5）测量小电流　测量 5A 以下较小电流时，可将被测导线多绕几圈再放入钳口测量，如图 2-17 所示。被测的实际电流值就等于仪表读数除以放进钳口中的导线的圈数。仪表显示值除以通电导线穿过钳口的次数即导线流过的电流实际值。

（6）维护保养　测量完毕，应将仪表的量程开关置于最大量程位置上，以防下次使用时，由于使用者疏忽而造成仪表损坏。

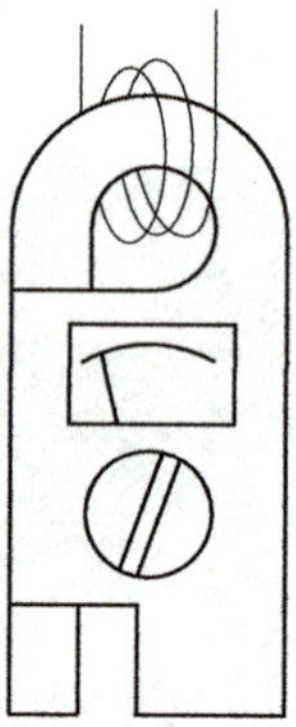

图 2-17　测量小电流

2.1.4　电气元件及导线的选型

【相关知识】

工业机器人工作站常用的电气元件有断路器、熔断器、接触器、按钮、行程开关、继电器和指示灯等，另外还有电缆、连接器等。如图 2-18 所示。

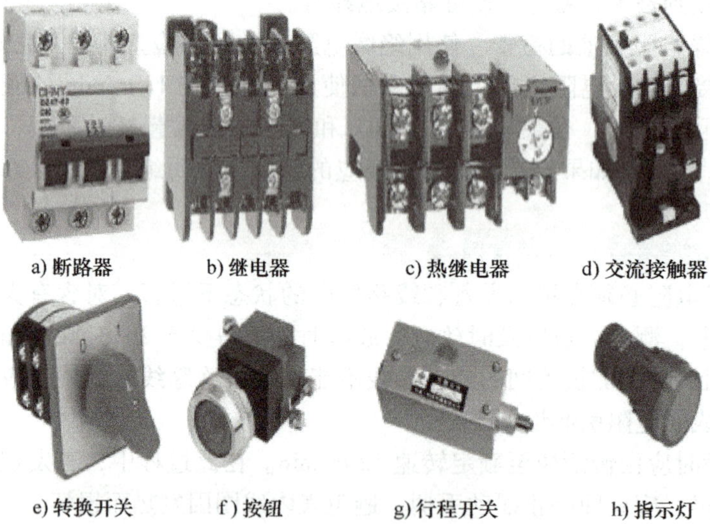

图 2-18　常用的电气元件

一、低压开关

低压开关一般为手动切换电器，主要作为隔离、转换、接通和分断电路用。常用的低压开关有低压断路器、负荷开关和组合开关等。

在电力拖动中，低压开关多用于电路的电源开关和局部照明电路的控制开关，有时也可用来直接控制小功率电动机的起动、停止和正反转。

1. 低压断路器

低压断路器简称断路器。它集控制和多种保护功能于一体，在线路工作正常时，它作为电源开关接通和分断电路；当电路中发生短路、过载和失电压等故障时，它能自动切断故障电路，从而保护线路和电气设备。几种断路器的外形如图 2-19 所示。

（1）断路器的结构与符号　DZ5 系列断路器的结构与电路符号如图 2-20 所示。它由触点系统、灭弧装置、操作机构、热脱扣器、电磁脱扣器及绝缘外壳等部分组成。

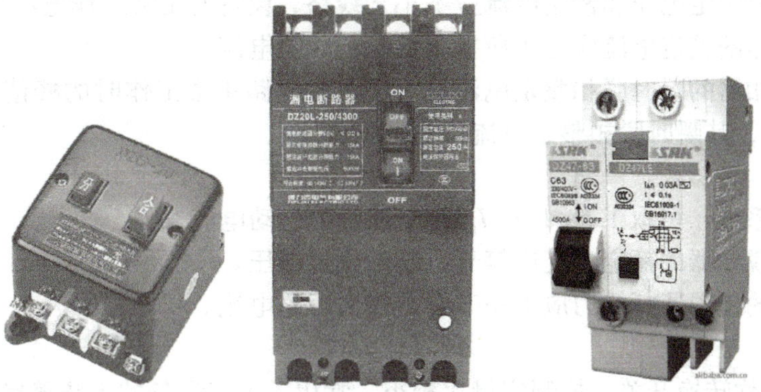

a) DZ5系列　　b) DZ20系列　　c) DZ47系列

图 2-19　断路器的外形

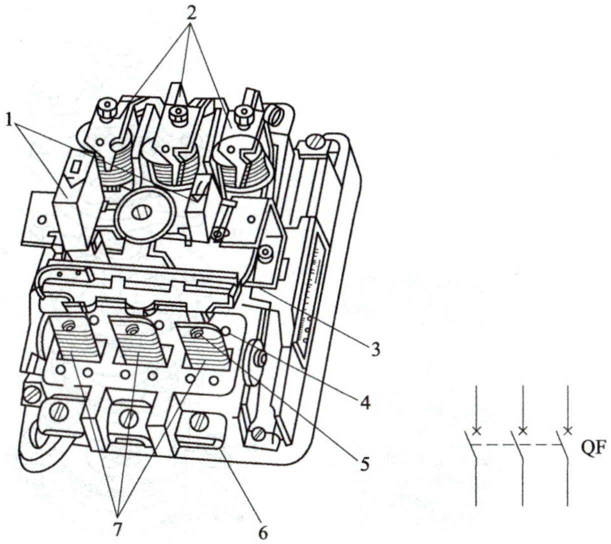

a) 结构　　b) 电路符号

图 2-20　DZ5 系列断路器的结构与电路符号

1—按钮　2—电磁脱扣器　3—自由脱扣器　4—动触头　5—静触头　6—接线柱　7—热脱扣器

DZ5 系列断路器有 3 个主触点、1 个常开辅助触点和 1 个常闭辅助触点。使用时 3 个主触点串联在被控制的三相电路中，用以接通和分断主电路的大电流。按下绿色“合”按钮时接通电路，按下红色“分”按钮时切断电路。当电路出现短路、过载等故障时，断路器会自动跳闸切断电路。

热脱扣器用于过载保护，由电流调节装置调节整定电流的大小。

电磁脱扣器用于短路保护，由电流调节装置调节瞬时脱扣整定电流的大小。出厂时，电磁脱扣器的瞬时脱扣整定电流一般为 $10I_N$（I_N为断路器的额定电流）。

欠电压脱扣器用于零电压和欠电压保护，在无电压或电压过低时断路器不能闭合。

（2）断路器的选用

1）断路器的额定电压和额定电流应不小于线路、设备的正常工作电压和工作电流。

2）热脱扣器的整定电流应等于所控制负载的额定电流。

3）电磁脱扣器的瞬时脱扣整定电流应大于负载电路正常工作时的峰值电流。用于控制电动机的断路器，其瞬时脱扣整定电流可按下式选取：

$$I_z = KI_{st}$$

式中，K 为安全系数，可取 1.5~1.7；I_{st} 为电动机的起动电流。

4）欠电压脱扣器的额定电压应等于线路的额定电压。

5）断路器的极限通断能力应不小于电路最大短路电流。

2. 组合开关

组合开关又称转换开关，控制容量比较小，常用于电气设备的不频繁操作、切换电源和负载以及控制小容量交流电动机。图 2-21 所示为两款组合开关的外形。

（1）组合开关的结构与符号　HZ10-10/3 型组合开关的结构与符号如图 2-22 所示。

a) HZ5系列

b) HZ10系列

图 2-21　两款组合开关的外形

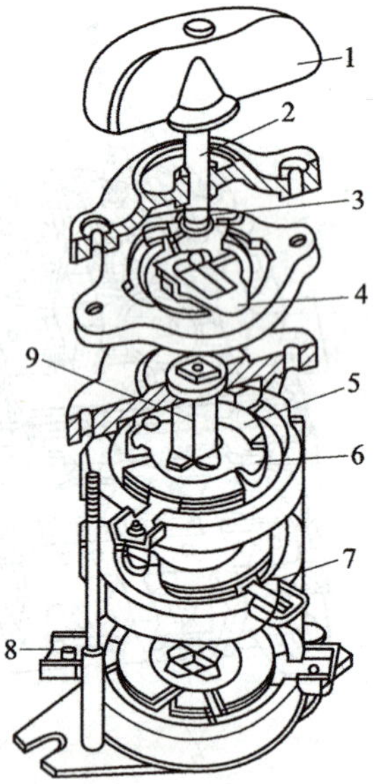

a) 结构

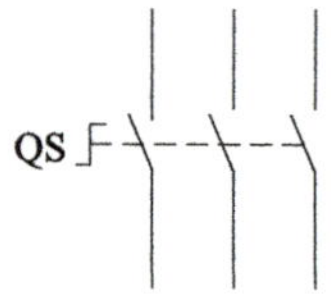

b) 符号

图 2-22　HZ10-10/3 型组合开关的结构与符号

1—手柄　2—转轴　3—弹簧　4—凸轮　5—绝缘垫板　6—动触头　7—静触头　8—接线端子　9—绝缘杆

（2）组合开关的选用　组合开关应根据电源种类、电压等级、所需触点数、接线方式和负载容量进行选用。用于控制小功率异步电动机的运转时，组合开关的额定电流一般取电动机额定电流的 1.5~2.5 倍。

二、低压熔断器

低压熔断器是在线路中用作短路保护的电器，简称熔断器。熔断器应串联在被保护的电路中，以电流产生的热量使熔体熔断，从而自动切断电路，起到保护线路和电气设备的作用。图 2-23 所示为两款熔断器的外形及电路符号。

1. 熔断器的结构与符号

熔断器主要由熔体、安装熔体的熔管和底座三部分组成。其中，螺旋式熔断器的结构如

图 2-24 所示。

2. 熔断器的选用

熔断器的选用主要包括熔断器的类型、额定电压、额定电流和熔体额定电流的选用。

(1) 熔断器类型的选用　根据使用环境、负载性质和短路电流的大小选择适当类型的熔断器。例如：用于容量较小的照明线路，可选用 RT 系列

a) RC1A系列　　b) RL1系列　　c) 符号

图 2-23　两款熔断器的外形及电路符号

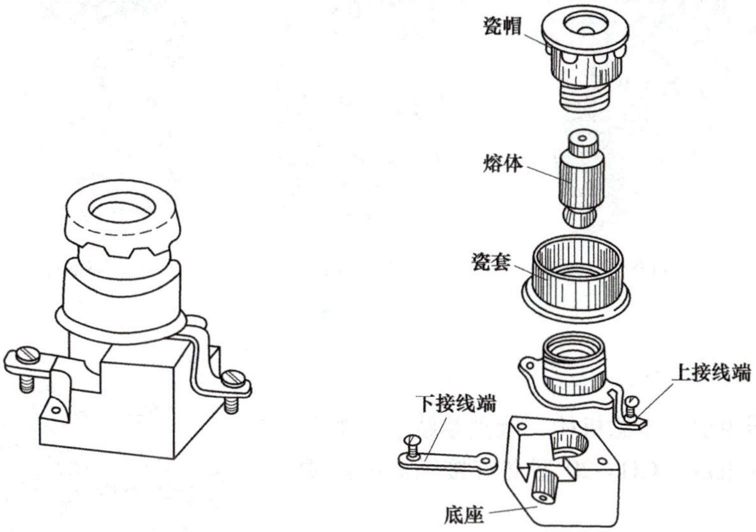

图 2-24　螺旋式熔断器的结构

圆筒帽形熔断器或 RC1A 系列瓷插式熔断器；在机床控制线路中，多选用 RL1 系列螺旋式熔断器；用于半导体功率器件及晶闸管的保护时，应选用 RLS 或 RS 系列快速熔断器。

(2) 熔断器额定电压和额定电流的选用　熔断器的额定电压必须高于或等于线路的额定电压，额定电流必须大于或等于所装熔体的额定电流。熔断器的分断能力应大于电路中可能出现的最大短路电流。

(3) 熔体额定电流的选用

1) 对照明、电热等负载，熔体额定电流应等于或稍大于负载的额定电流。

2) 对一台不经常起动且起动时间较短的电动机，熔体额定电流应按下式选用：

$$I_{RN} \geqslant (1.5 \sim 2.5) I_N$$

式中，I_{RN} 为熔体额定电流；I_N 为电动机额定电流。

对于频繁起动或起动时间较长的电动机，上式的系数应增加到 3~3.5。

3) 对多台电动机，熔体额定电流应按下式选用：

$$I_{RN} \geqslant (1.5 \sim 2.5) I_{Nmax} + \sum I_N$$

式中，I_{Nmax} 为最大功率电动机的额定电流；$\sum I_N$ 为其余电动机额定电流的总和。

当电动机的功率较大而实际负载较小时，熔体额定电流可适当小些，小到电动机起动时熔体不熔断为准。

三、接触器

接触器适用于远距离频繁地接通或断开交、直流电路，主要用于控制电动机等。它具有欠压、失电压释放保护功能，在电力拖动自动控制电路中得到了广泛的应用。

接触器按主触点通过电流的种类，分为交流接触器和直流接触器两种。图 2-25 所示为常用交流接触器的外形。

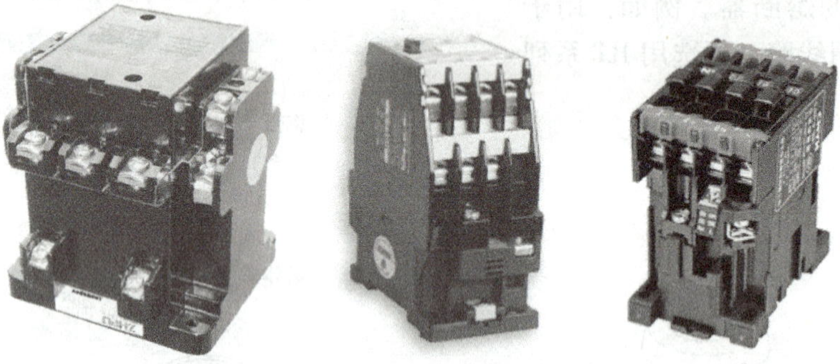

a) CJT1系列　　b) CJX1系列　　c) CJX8系列

图 2-25　常用交流接触器的外形

1. 交流接触器的结构与符号

交流接触器主要由电磁机构、触点系统、灭弧装置和辅助部件等组成。CJT1-20 型交流接触器的结构如图 2-26 所示。

三相交流接触器在电路图中的符号如图 2-27 所示。

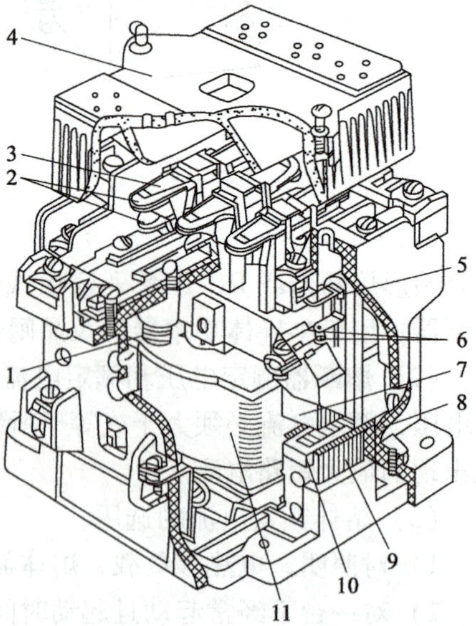

图 2-26　CJT1-20 型交流接触器的结构

1—反作用弹簧　2—主触点动、静触头
3—触头压力弹簧　4—灭弧罩　5—辅助常闭触点
6—辅助常开触点　7—动铁心　8—缓冲弹簧
9—静铁心　10—短路环　11—线圈

2. 交流接触器的选用

（1）选择接触器类型　交流接触器按负荷种类一般分为一类、二类、三类和四类，分别记为 AC1、AC2、AC3 和 AC4。一类交流接触器对应的控制对象是无感或微感负荷，如电阻炉等；二类交流接触器用于绕线转子异步电动机的起动和停止；三类交流接触器的典型用途是笼型异步电动机的运转和运行中分断；四类交流接触器用于笼型异步电动机的起动、反接制动、反转和点动。

（2）选择接触器主触点的额定电压　接触器主触点的额定电压应高于或等于控制电路的额定电压。

（3）选择接触器主触点的额定电流　接触器控制电阻性负载时，主触点的额定电流应大于或等于负载的额定电流。

接触器若使用在频繁起动、制动及正反转的场合，应将接触器主触点的额定电流降低一

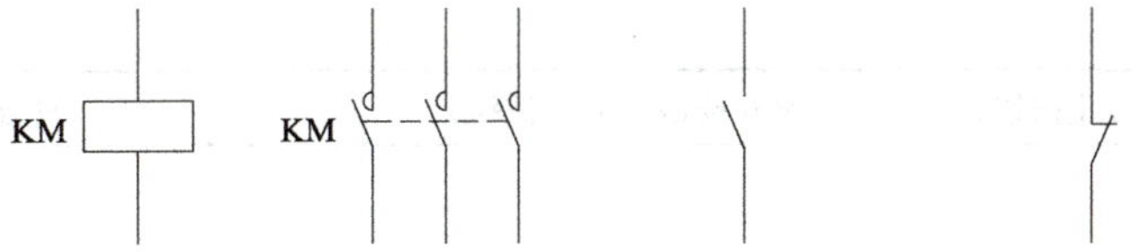

a) 线圈　b) 主触点　c) 常开辅助触点　d) 常闭辅助触点

图 2-27　三相交流接触器在电路图中的符号

个等级使用。

（4）选择接触器吸引线圈的额定电压　交流线圈额定电压一般直接选用交流 220V、380V；直流线圈的额定电压可选择和直流控制电路的电压一致。

（5）选择接触器的触点数量和种类　接触器的触点数量和种类应满足控制电路的要求。

四、按钮

按钮是用来接通或分断小电流电路的控制电器，是发出控制信号的电器开关，是一种手动的主令电器。按钮的触点允许通过的电流较小，一般不超过 5A。因此，一般情况下，它不直接控制主电路（大电流电路）的通断，而是在控制电路（小电流电路）中发出指令或信号，控制接触器、继电器等，再由它们去控制主电路的通断、功能转换或电气联锁。图 2-28 所示为几款按钮的外形。

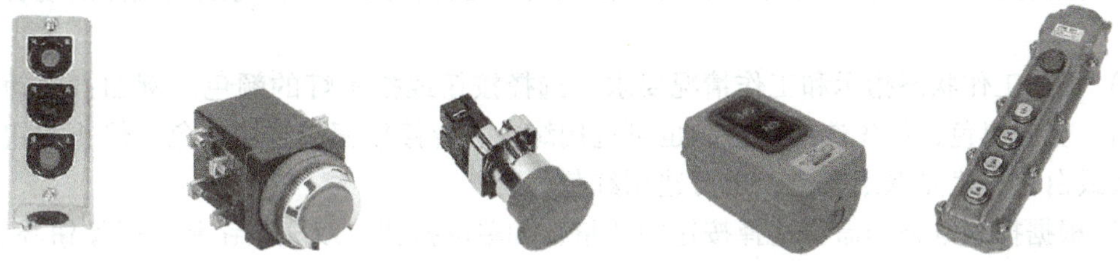

a) LA10系列　b) LA18系列　c) LAY5系列　d) BS系列　e) COB系列

图 2-28　几款按钮的外形

1. 按钮的结构与符号

按钮一般由按钮帽、复位弹簧、桥式动触头、静触头、支柱连杆及外壳等部分组成，按钮的结构与符号见表 2-5。

表 2-5　按钮的结构与符号

名称	常闭按钮（停止按钮）	常开按钮（起动按钮）	复合按钮
结构	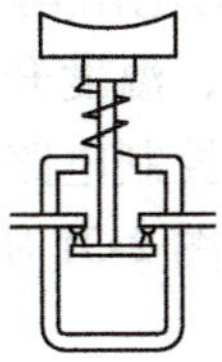	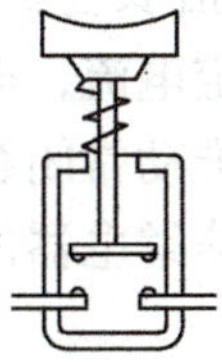	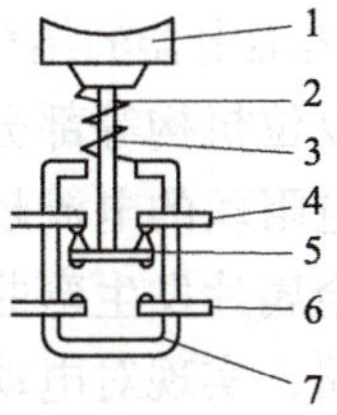 1—按钮帽　2—复位弹簧　3—支柱连杆 4—常闭静触头　5—桥式动触头 6—常开静触头　7—外壳

（续）

名称	常闭按钮（停止按钮）	常开按钮（起动按钮）	复合按钮
符号			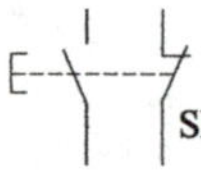

按钮按不受外力作用（即静态）时触点的分合状态，分为常开按钮（启动按钮）、常闭按钮（停止按钮）和复合按钮（常开、常闭触点组合为一体的按钮）。不同类型和用途的按钮符号如图 2-29 所示。

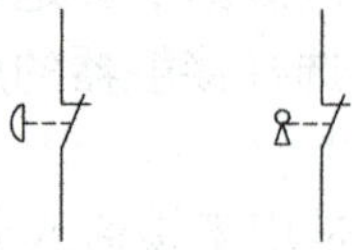

a) 急停按钮 b) 钥匙操作式按钮

图 2-29 不同类型和用途的按钮符号

2. 按钮的选用

1）根据使用场合和具体用途选择按钮的种类。例如：嵌装在操作面板上的按钮可选用开启式；需显示工作状态的选用光标式；需要防止无关人员误操作的重要场合宜用钥匙操作式；在有腐蚀性气体的场合要用防腐式。

2）根据工作状态指示和工作情况要求，选择按钮或指示灯的颜色。例如：启动按钮可选用白、灰或黑色，优先选用白色，也可选用绿色；急停按钮应选用红色；停止按钮可选用黑、灰或白色，优先选用黑色，也可选用红色。

3）根据控制电路的需要选择按钮的数量，如单联按钮、双联按钮和三联按钮等。

五、继电器

继电器分为中间继电器、时间继电器和测量继电器。断电器由线圈和触点组成，线圈是执行机构，触点是动作机构，线圈一旦得电，便吸合触点给出控制指令，触点一般分为常开触点和常闭触点。中间继电器是即时动作继电器，既一旦给出控制指令便可给出控制信号。

1. 热继电器

热继电器与接触器配合使用，主要用于电动机的过载保护和断相保护。热继电器是一种利用电流热效应原理工作的自动保护电器，具有延时动作时间随通过电路电流的增加而缩短的反时限动作特性。

热继电器的种类很多，其中双金属片式应用最多。图 2-30 所示为几款热继电器的外形。

（1）热继电器的结构与符号　热继电器主要由热元件、传动机构、触点系统、电流整定装置、复位机构等部分组成。热元件包括双金属片和绕在外面的电阻丝。当电动机过载时，流过电阻丝的电流超过热继电器的整定电流，电阻丝发热增多，温度升高，热膨胀系数不同的双金属片发生弯曲，通过传动机构推动常闭触点断开，分断控制电路，再通过接触器切断主电路，实现对电动机的过载保护。热继电器的结构与符号如图 2-31 所示。

（2）热继电器的选用

1）对于不频繁起动、连续运行的电动机，可按电动机的额定电流选择热继电器的规格。一般应使热继电器的额定电流略大于电动机的额定电流。

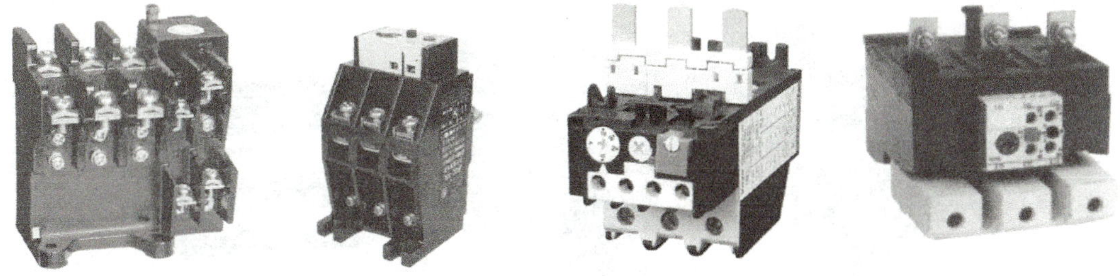

a) JR36系列　　b) JR20系列　　c) T系列　　d) JRS2系列

图 2-30　几款热继电器的外形

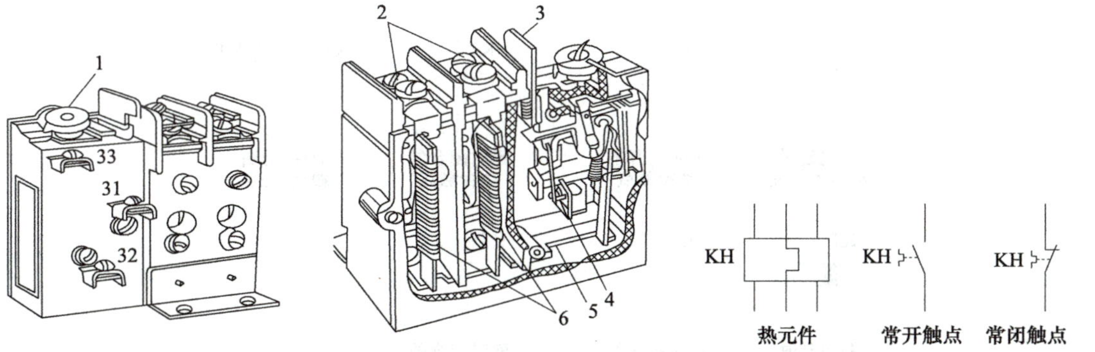

a) 外形　　b) 结构　　c) 符号

图 2-31　热继电器的结构与符号

1—电流整定装置　2—主电路接线柱　3—复位按钮　4—常闭触点　5—传动机构　6—热元件

2）根据需要的整定电流值选择热元件的电流等级。一般情况下，热元件的整定电流应为电动机额定电流的 95%～105%。

3）根据电动机定子绕组的连接方式选择热继电器的结构型式，即定子绕组做Y联结的电动机选用普通三相结构的热继电器，而做△联结的电动机应选用三相结构带断相保护装置的热继电器。

2. 时间继电器

自动控制系统中，有时需要继电器得到信号后不立即动作，而是延时一段时间后再动作并输出控制信号，以达到按时间顺序进行控制的目的。时间继电器按工作原理可分为电磁式、空气阻尼式（气囊式）和晶体管式等，如图 2-32 所示。

时间继电器的符号如图 2-33 所示。

时间继电器按延时方式可分为通电延时型和断电延时型。对于通电延时型时间继电器，当线圈得电时，其延时动合触点要延时一段时间才闭合，延时动断触点要延时一段时间才断开；当线圈失电时，其延时动合触点迅速断开，延时动断触点迅速闭合。对于断电延时型时间继电器，当线圈得电时，其延时动合触点迅速闭合，延时动断触点迅速断开；当线圈失电时，其延时动合触点要延时一段时间再断开，延时动断触点要延时一段时间再闭合。

a) 空气阻尼式　　b) 晶体管式　　c) 数显式

图 2-32　时间继电器

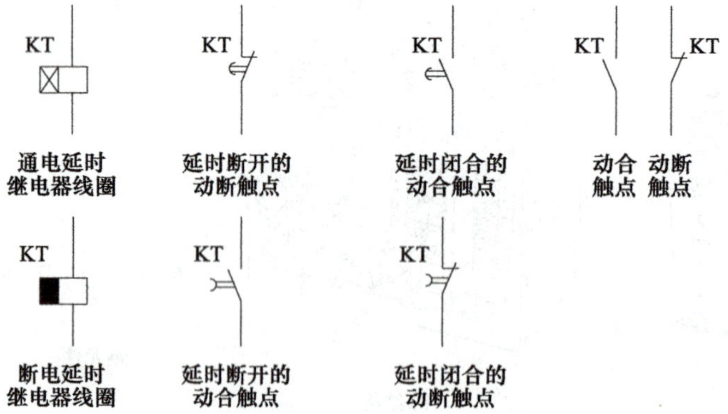

图 2-33　时间继电器的符号

3. 中间继电器

中间继电器是用来增加控制电路中的信号数量或将信号放大的继电器。中间继电器主要依据被控制电路的电压等级、所需触点的数量、种类、容量等要求来选择。中间继电器的外形如图 2-34 所示，中间继电器没有主触点，只有辅助触点。因其过载能力比较小，只能用于控制电路中。中间继电器的辅助触点数量比较多。

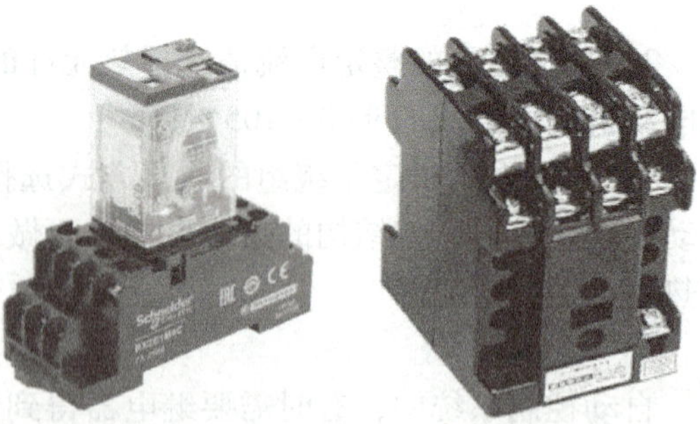

图 2-34　中间继电器的外形

在选用中间继电器时，主要考虑触点的额定电压和电流应等于或大于所接电路的电压和电流，触点类型及数量应满足电路的要求，绕组电压应与所接电路电压相同。

六、位置开关

位置开关是一种将机械信号转换为电信号，以控制运动部件的位置和行程的自动控制电器。位置开关包括行程开关、接近开关和光电开关等。

1. 行程开关

行程开关的种类很多，以运动形式分，有直动式和转动式；以触点性质分，为有触点和无触点的。各种行程开关的基本结构大体相同，都由触点系统、操作机构和外壳组成。常用行程开关的外形如图 2-35 所示。行程开关的结构如图 2-36 所示。

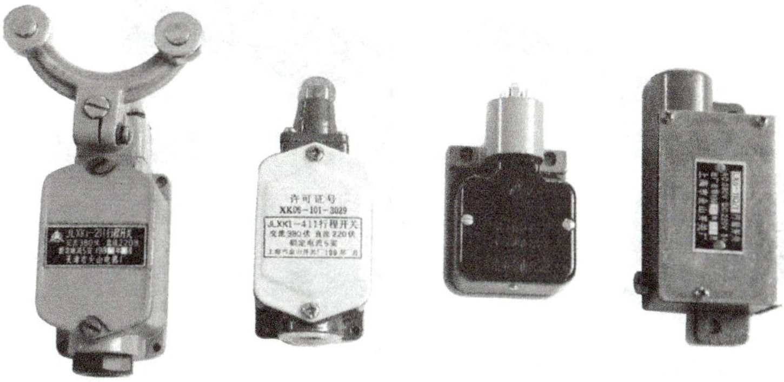

图 2-35　常用行程开关的外形

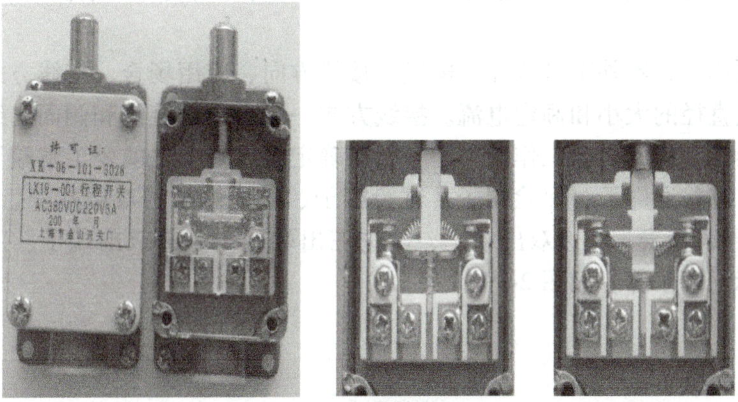

a) 内部结构　　b) 触头碰撞前　　c) 触头碰撞后

图 2-36　行程开关的结构

2. 接近开关

接近开关工作时不需要与检测物质接触，但要求检测物质的材质必须是金属。因为不需要与检测物质接触，所以接近开关的特点是工作可靠、寿命长、功耗低、重复定位精度高、操作频率高以及适应恶劣的工作环境等。接近开关分为 PNP 型和 NPN 型两种，因此在选择传感器时需要确认好 PLC 的接法。接近开关如图 2-37 所示。

选择接近开关时，主要考虑动作距离和重复精度等因素。

3. 光电开关

行程开关、接近开关和光电开关是 3 种原理不同的传感器，但作用一样，都用于检测位置。光电开关是利用被检测物对光束的遮挡或反射，由同步回路接通电路，从而检测物体的有无。光电开关的检测物质不限于金属，所有能反射光线（或者对光线有遮挡作用）的物体均可以被检测。光电开关有漫反射型和对射型等，漫反射型只需要一个传感器即可完成发射和接收，而对射型需要两个传感器，一个用于发射，另一个用于接收。光电开关如图 2-38 所示。

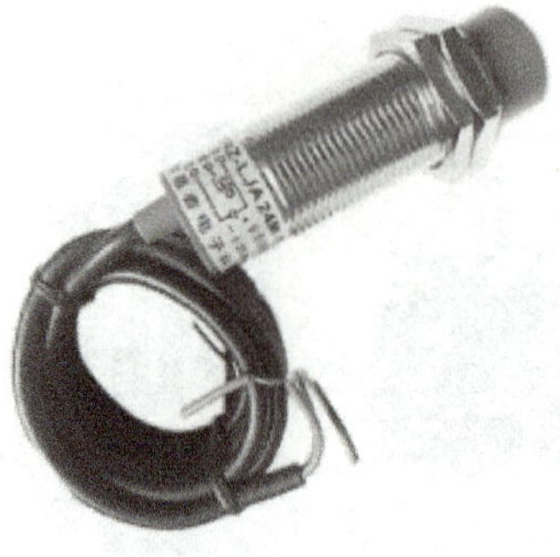

图 2-37 接近开关

图 2-38 光电开关

光电开关也有 NPN 型和 PNP 型两种，但除此之外光电开关也有干结点的，即可以接任意一种 PLC。

选择光电开关时，主要考虑对射型/漫反射型、距离、精度等因素。

七、接线端子

接线端子的选型，不外乎是线径、电流、接线方向、应用场合、接线方式等。线径和电流，也就是导线直径的大小和额定电流。接线方式一般有正面接线和侧面出线，主要是为了方便技术人员操作，从而提高工作效率。一般在确定接线端子之前要了解端子的种类，按端子的功能分类，有普通端子、保险端子、试验端子、接地端子、双层端子、双层导通端子、3 层端子、3 层导通端子、一进双出端子、一进三出端子、双进双出端子、刀闸端子、过电压保护端子和标记端子等。如图 2-39 所示。

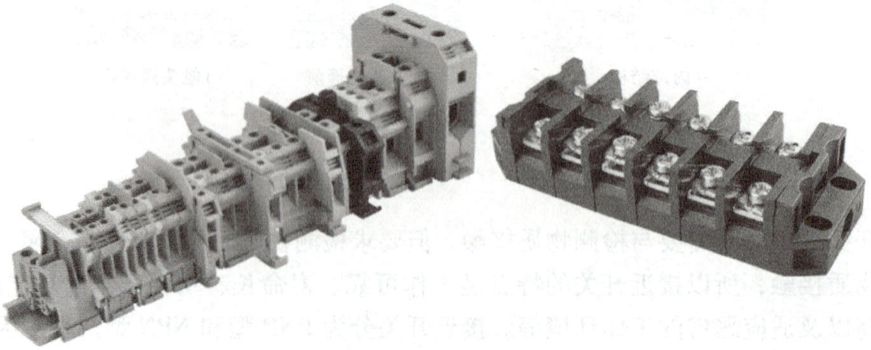

图 2-39 接线端子

八、开关电源

开关模式电源（Switch Mode Power Supply，SMPS），又称为交换式电源、开关变换器，是一种高频化电能转换装置，是电源供应器的一种。其功能是将一个位准的电压，通过不同形式的架构转换为用户端所需要的电压或电流。开关电源如图 2-40 所示。

九、导线的颜色

国家标准要求不同的线缆使用不同的颜色，主要就是为了正确区分导线中的相线、零线、保护地线，防止发生错误操作，同时也为设备后续的检修提供便利。

例如三相电中的导线颜色：黄色代表的是三相电路中的 U 相，即 L1 相；绿色代表的是三相电路中的 V 相，即 L2 相；红色代表的是三相电路中的 W 相，即 L3 相；蓝色代表的是工作零线，即 N 线；黄绿色代表的是保护零线，即 PE，如图 2-41 所示。

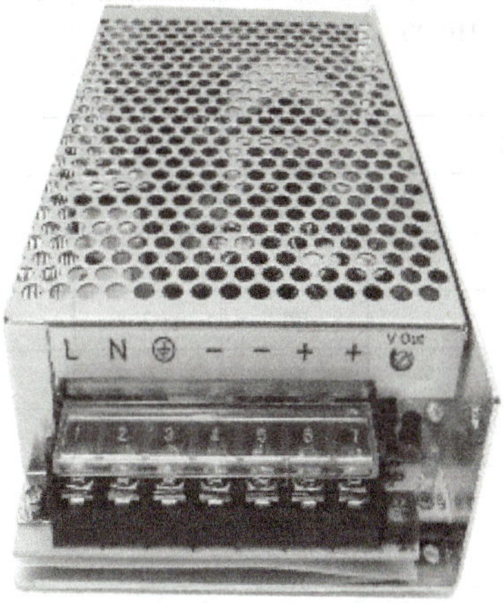

图 2-40　开关电源

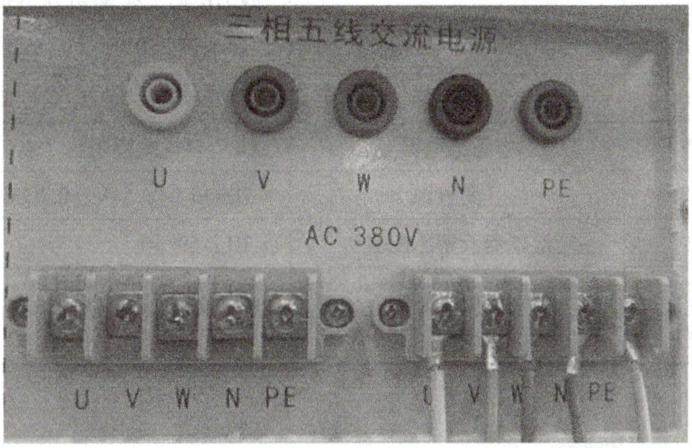

图 2-41　导线的相序及颜色

十、导线的载流量

导线载流量的大小与其截面积的大小有关，即导线截面和越大，它所能通过的电流也越大。如果线路电流超过载流量，使用寿命就相应缩短，若不及时更换导线，则可能引起电气事故。

电缆的载流量计算口诀：十下五，百上二，二五三五四三界，七零九五两倍半，裸线加一半，铜线升级算，穿管温度八九折。此口诀是以铝芯绝缘线、明敷在环境温度 25℃ 的条件为准。

十一、线号管

线号管是指用于配线标识的套管，有内齿，可以牢固地套在线缆上，材质一般为 PVC，可适用于小到 0.5mm²、大到 6.0mm² 的配线上。线号管简称套管，又称为线号套管，在套管上用线号机打印线号，用于配线标识。常用的是白色 PVC 内齿圆套管，常用规格为 0.75mm²、1.0mm²、1.5mm²、2.5mm²、4.0mm² 和 6.0mm²，其规格与电线规格相匹配，如 1.5mm² 电线应选用 1.5mm² 套管。线号管如图 2-42 所示。

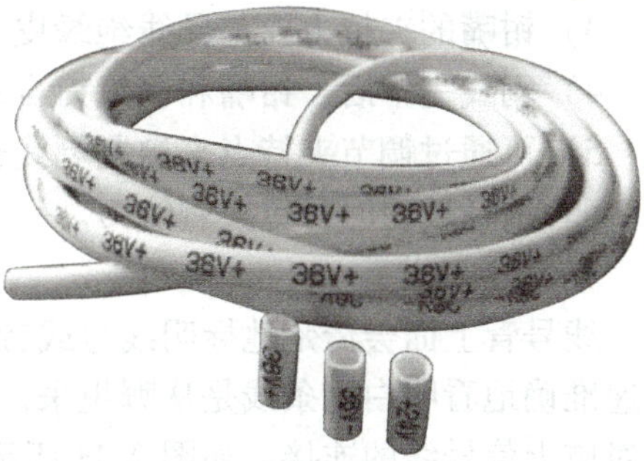

图 2-42　线号管

【技能操作】

一、列出元器件清单

根据工作站电气系统控制要求选择合适的元器件，列出元器件清单，见表 2-6。

表 2-6 元器件清单

序号	名称	型号与规格	单位	数量	备注
1	低压断路器	DZ47	只	1	
2	指示灯	220V、15W	只	3	
3	按钮	LA10-3H 或 LA4-3H	只	1	
4	急停按钮	LA16-11 铜触头一开一闭	只	1	
5	交流接触器	CJ10-10、线圈电压 220V 或 CJ10-20、线圈电压 220V	只	4	
6	热继电器	JR16-20/3，整定电流 10~16A	只	1	
7	中间继电器	JZ7-44，线圈电压 380V	只	1	
8	开关电源	RS-15-24，24V、0.63A	只	1	
9	熔断器及熔芯配套	RL1-60/20	套	3	
10	熔断器及熔芯配套	RL1-15/4	套	2	
11	三联按钮	LA10-3H 或 LA4-3H	只	1	

二、导线的连接

1. 导线的选择

正确选择导线的颜色和截面积，导线的具体规格要根据实际功率和电流来决定，需要留一定的余量来保证线路的安全。

2. 剥线

工作站导线均为铜芯软导线。软导线剥线时要保留足够的长度、尺寸，而且不能损伤线芯。如果线径变细，则不能保证足够的载流量；对于多层绝缘线，外层绝缘皮要平整，线芯绝缘层不外露，外露容易导致短路。

剥线方法如下：

1）选择合适的钳口以适应导线的截面积。

2）使用剥线刀不会对导线造成破坏。

3）钳嘴的夹持力要与导线绝缘皮的直径相匹配，不能对导线造成破坏。

4）剥线完毕后，钳嘴和剥线刀自动松开，不能扯断导线。

5）可通过调节夹持点来控制剥线长度。

6）线径较粗时可更换剥线刀。

3. 套上线号管

线号管上面会清楚地标明线号或者设备回路号，能够让电气维修人员在维修保养过程中快速准确地看明白这条线是从哪里来，要去哪里。尤其是有多条 I/O 信号线时，可以很轻松地对应上信号线的连接。如图 2-43 所示。

线号管的使用规范要求：

（1）线号管的方向应正确

1）线号管水平方向或置于接线端子两侧时，线号管文字方向从左往右读取。

2）线号管垂直方向或置于接线端子上下两侧时，线号管文字方向从下至上读取。

（2）线号管的正确使用

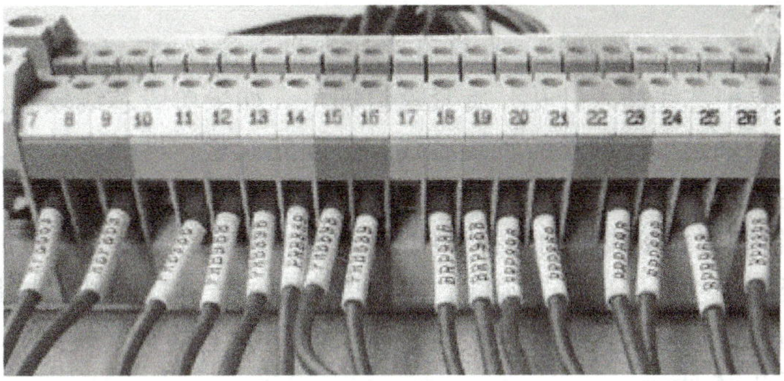

图 2-43　套线号管

1）端子排或者用电设备大小不一，排列参差不齐时，线号管应相互对齐，排列成行。

2）导线在端子处单个独立接线时，线号管应紧靠端子一侧。

3）导线在端子或者用电设备上成排接线时，端子排或电气元件大小一致时，线号管应紧靠接线端子侧。

4. 线头与接线桩的连接

在各种用电器或电气装置上，均有连接导线的接线桩。常用的接线桩有针孔式和螺钉平压式两种。

（1）分类　如果按照材质来分，主要有铜质接线鼻子和铝质接线鼻子。如果按照形状来分，常见的主要有 dt、ot 和 ut 等各种型号。如果选择的是 dt 型接线鼻子，一般来说比较适用于截面积比较大的电线，可以采用压接的方法连接。如果选择的是 ot 型接线鼻子，适用于截面积比较小的电线，可以用焊接的方法来连接。如果选择的是 ut 型接线鼻子，适用于 $4mm^2$ 以下的电线，可以用压接或者焊接的方法来连接。如果按照规格来划分，有 $1.25mm^2$、$2mm^2$，$2.5mm^2$，$5.58mm^2$，甚至还有 $120mm^2$，最大的能够达到 $800mm^2$。

线鼻子常用于电缆末端连接和续接，能让电缆和电器连接更牢固、更安全。它是建筑、电力设备、电器连接等常用的材料。一般导线与接线端子连接时，按照国家接线规范要求电缆末端连接均需使用对应的接线连接端子。线耳线鼻的种类规格如图 2-44 所示。

图 2-44　线耳线鼻的种类规格

（2）连接要求

1）线头与针孔式接线桩的连接。在针孔式接线桩上接线时，如果单股芯线与接线桩插线孔大小适宜，只要把芯线插入针孔，旋紧螺钉即可。如果单股芯线较细，则要把芯线折成双根后插入针孔。如果是多根细丝的软线芯线，必须先绞紧，再插入针孔，切不可有细丝露在外面，以免发生短路事故。

2）线头与螺钉平压式接线桩的连接。线头与螺钉平压式接线桩连接时，如果是较小截面单股芯线，则必须把线头处理成羊眼圈，羊眼圈弯曲的方向应与螺钉拧紧的方向一致。较大截面单股芯线与螺钉平压式接线桩连接时，线头必须装上接头（接线耳），再由接线耳与接线桩连接，如图 2-45 所示。

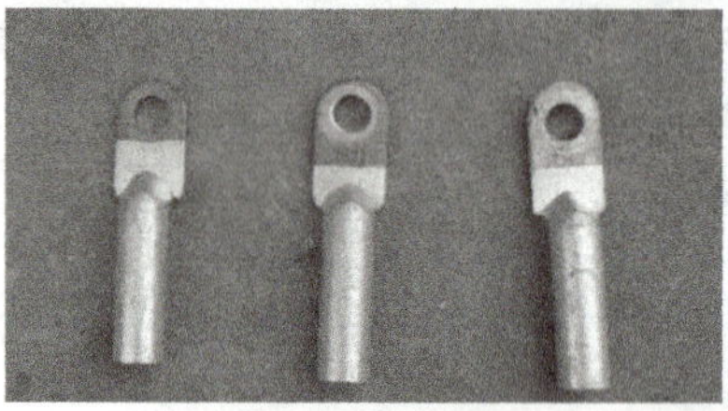

a) 铜铝过渡接头

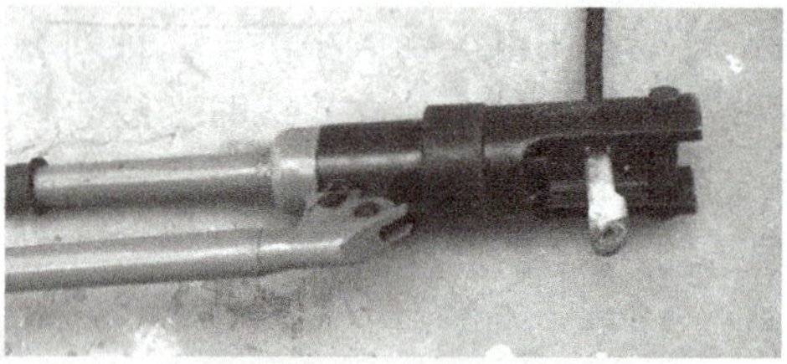

b) 铝芯与接线耳压接

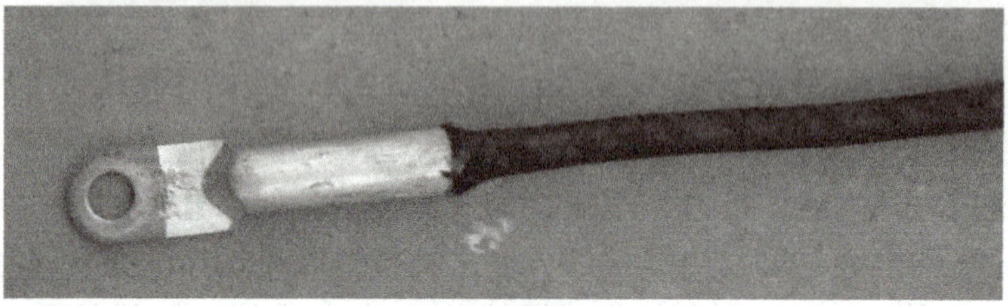

c) 导线与接头连接

图 2-45　线头须装接线耳

（3）连接方法　接线时可以使用电烙铁焊接，使得接线更加牢固。

1）把电烙铁插上电，加热一下，为接下来的焊接做准备。

2）用压线钳把接线鼻子压一下，要将周边的细线全部去除掉。

3）待电烙铁加热后，用电烙铁加热接线鼻子，要将里面的铜线进行加热，将焊锡熔化。再将电线穿入到接线鼻子当中，将电线均匀地焊接牢固。

4）等到冷却之后再把接线鼻子压紧，最后用绝缘胶布把它包裹。

5. 接线

接线一定要紧固，如果没接紧固，容易导致虚接状态，在主电路还有可能导致电火花；接线还要保持整齐、不紊乱。如图 2-46 所示。

三、线路连接注意事项

连接线路时应注意以下事项：

1）接线无毛刺，芯线前端连接部分无突出的导线。

2）接线无歪脖，布线时弯曲弧度要自然平滑，避免急弯、直角弯。

3）接线无压胶皮，线芯出接线端子的垫圈不压线芯绝缘。

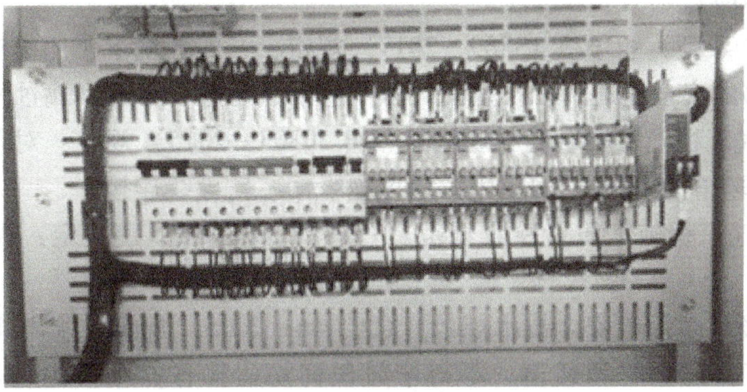

图 2-46　接线

4）导线裸露部分不能过长，线芯绝缘与接线端子压接部分之间的芯线长度应不大于5mm。一相绝缘不触及另一相导体，一相绝缘不与另一相接线柱接触。

5）接线时导线不能交叉，接线剥头齐整，接线余头不超长。

6）优化布线结构，尽量缩短导线的长度。

7）将线路分类别进行捆扎，使其稳固并美观。

2.2　电气系统装配

2.2.1　电气线路连接规范

【相关知识】

根据《用电安全导则》（GB/T 13869—2017）、《低压配电设计规范》（GB 50054—2011）规定：电气线路应具有足够的绝缘强度、机械强度和导电能力，其安装应符合相应产品的规定；电源插座、电源插头应按规定正确接线；配电线路应装设短路保护、过负荷保护和漏电保护等。

1）《低压配电设计规范》（GB 50054—2011）规定：带电部分应全部用绝缘层覆盖，其绝缘层应能长期承受在运行中遇到的机械、化学、电气及热的各种不利影响。

2）《低压配电设计规范》（GB 50054—2011）规定：当导线垂直敷设时，距地面低于1.8m 段的导线，应用导管保护；当导线水平敷设时，距地面低于 2.5m 段的导线，应用导管保护。

3）《建筑电气工程施工质量验收规范》（GB 50303—2015）规定：对于单相两孔插座，面对插座的右孔或上孔应与相线连接，左孔或下孔应与中性导体（N 线）连接；对于单相三孔插座，面对插座的右孔应与相线连接，左孔应与中性导体（N 线）连接。

4）《剩余电流动作保护装置安装和运行》（GB/T 13955—2017）规定：低压配电线路根据具体情况采用二级或三级保护时，在总电源端、分支线首端或线路末端安装剩余电流保护装置。

5）《建筑电气工程施工质量验收规范》（GB 50303—2015）规定：配电箱、开关箱内的电器（含插座）应先安装在金属或非木质阻燃绝缘电器安装板上，然后方可整体紧固在配电箱、开关箱箱体内。

6）《用电安全导则》（GB/T 13869—2017）规定：一般环境下，用电产品以及电气线路的周围应留有足够的安全通道和工作空间，且不应堆放易燃、易爆和腐蚀性物品。

7）《建筑电气工程施工质量验收规范》（GB 50303—2015）规定：对装有电器的可开启的门，门和金属框架的接地端子间应用黄绿色绝缘铜芯软导线连接。

8）《建筑电气工程施工质量验收规范》（GB 50303—2015）规定：配电箱内配线应整齐、无绞接现象。

9）《施工现场临时用电安全技术规范》（JGJ 46—2005）规定：配电箱、开关箱周围应有足够两人同时工作的空间和通道，不得堆放任何妨碍操作、维修的物品，不得有灌木、杂草。

【技能操作】

一、电气线路连接要求

电气线路连接应牢固可靠，采取穿管保护，外皮无破损；用电设备应按规定采取接地保护、漏电保护、过载保护等措施。

二、二次回路的布线

1）基本要求：

①按图施工、连线正确。

②二次线的连接（包括螺栓连接、插接、焊接等）均应牢固可靠，线束应横平竖直，配置坚牢，层次分明，整齐美观。同一合同的相同元件走线方式应一致。

2）二次线截面积要求：

①单股导线不小于 $1.5mm^2$。

②多股导线不小于 $1.0mm^2$。

③弱电回路不小于 $0.5mm^2$。

④电流回路不小于 $2.5mm^2$。

⑤保护接地线不小于 $2.5mm^2$。

3）所有连接导线中间不应有接头。

4）每个电气元件的接点最多允许接两根线。

5）每个端子的接线点一般不宜接两根导线，特殊情况下必须连接两根导线时，应确保连接可靠。

6）二次线应远离飞弧元件，并不得妨碍电器的操作。

7）电流表与分流器的连线之间不得经过端子，其线长不得超过 3m。

8）电流表与电流互感器之间的连线必须经过试验端子。

2.2.2 电气线路安装方法

【相关知识】

一、电气配线安装步骤

1. 电气识图

识图顺序：看标题栏和图样目录→看总说明→看系统图→看平面布置图→看安装接线图→

看安装大样图→看设备材料表。

2. 布管

作为穿线管有两类，一是钢管，二是PVC管。在布管中要求横平竖直，转弯处有一定的转弯半径。如果线路很长，中间要设计过渡接线盒。在布管中每隔1.5~2.5m要有一个固定装置。

3. 穿线

在穿线前，应检查电线管各个管口的护口是否齐全，如有遗漏和破损，均应补齐和更换。穿线时应注意以下事项：同一交流回路的导线必须穿在同一管内，不同回路、不同电压以及交流与直流的导线，不得穿入同一管内，导线在变形缝处，补偿装置应活动自如，导线应留有一定的余量。

4. 对线

对线的方法有很多，常用的有两人对线法，高效的是单人对线法。

5. 导线连接

1）导线接头要紧密、牢固，不能增加导线的电阻值。

2）导线接头受力时的机械强度不能低于原导线的机械强度。

3）导线接头包缠绝缘强度不能低于原导线绝缘强度，连接要牢固、紧密，包扎要良好。

二、电气配线原则

低压电器配线原则：手工布线时，应符合平直、整齐、紧贴敷设面、走线合理及接点不得松动、便于检修等要求。

1）走线通道应尽可能少，同一通道中的沉底导线，按主、控电路分类集中，单层平行密排或成束，应紧贴敷设面。

2）同一平面的导线应高低一致或前后一致，不能交叉。当必须交叉时，可水平架空跨越，但必须走线合理。

3）布线应横平竖直，变换走向时应垂直。

4）导线与接线端子连接时，应不压绝缘层、不反圈及露铜长度不大于1mm，并做到同一元件、同一回路的不同接点的导线间距离保持一致。

5）一个接线端子上的连接导线不得超过两根。

6）布线时，严禁损伤线芯和导线绝缘层。

7）导线截面不同时，应将截面大的放在下层，截面小的放在上层。

8）如果线路简单，可不套线号管。

【技能操作】

一、元器件的安装

1）安装前首先看明白图样及技术要求。

2）检查产品型号、元器件型号、规格、数量等与图样是否相符。

3）检查元器件有无损坏。

4）必须按图安装（如果有图）。

5）元器件安装顺序应从安装板正面观察，由左至右，由上至下。

6）同一型号产品应保证安装一致性。

7）面板、门板上元器件中心线的高度应符合规定。

二、安装产品应符合的条件

1）操作方便。元器件在操作时，不应受到空间的妨碍，不应有触及带电体的可能。

2）维修容易。能够较方便地更换元器件及维修连线。

3）各种电气元件和装置的电气间隙、爬电距离应符合安全规定。

4）保证一、二次线的安装距离。

5）安装所用紧固件及金属零部件均应有防护层，对螺钉过孔、边缘及表面的毛刺、尖锋应打磨平整后再涂敷导电膏。

6）对于螺栓的紧固应选择适当的工具，不得破坏紧固件的防护层，并注意相应的扭矩。

7）主电路中的电气元件，一般电抗器、变压器需要接地，断路器不需要接地。

8）对于发热元件（例如管形电阻、散热片等）的安装，应考虑其散热情况，安装距离应符合元件规定。额定功率为75W及以上的管形电阻器应横装，不得垂直地面竖向安装。

9）所有电气元件及附件，均应固定安装在支架或底板上，不得悬吊在电器及连线上。

10）每个元件的附近应有标牌，其标注应与图样相符。除元件本身附有供填写的标志牌外，其他标志牌不得固定在元件本体上。

11）安装在面板、门板上的元件，其标号应粘贴于面板及门板背面元件下方，如下方无位置时可贴于左方，但粘贴位置尽可能一致。

12）保护接地应具有连续性：

①保护接地连续性利用有效接线来保证。

②柜内任意两个金属部件通过螺钉连接时，如有绝缘层均应采用相应规格的接地垫圈，并注意将垫圈齿面接触零部件表面。

③门上的接地处要加“抓垫”，防止因为油漆的存在而接触不好，要求连接线应尽量短。

三、控制电路配线原则

1）按元件明细栏配齐电气元件，并进行检验。

2）安装控制箱（控制板的尺寸应根据电器的安排情况决定）。

3）布线。

四、电气柜布局

按照安装布局图完成线槽、导轨及元器件的安装与固定。

电气柜布局通常注意：重的东西放在下面，轻的东西放在上面；易发热元件放在电柜上面接近排风口位置；控制系统与驱动器等功率器件分开放；驱动器之间的距离不小于50mm；驱动器与控制系统之间的距离不小于150mm；驱动器的制动电阻属于易发热元件，尽量靠近排风口位置。某电气柜布局如图2-47所示。

图 2-47　某电气柜布局

五、线材选用

1）交流电源线采用多股铜芯线，总电源线和接地线的截面积不低于 2.5mm^2，每个驱动器的电源线截面积不低于 1.5mm^2。接地线采用黄绿双色线。

2）驱动信号线必须采用截面积不低于 0.16$mm^2$2×8P（8 对）的双绞屏蔽线，制作时差分（CP+、CP-；DIR+、DIR-；A+、A-；B+、B-；Z+、Z-；24V、GND 等）信号相互绞。

3）伺服电动机编码器信号必须采用线径不低于 0.25$mm^2$2×2P（2 对）的双绞屏蔽线（串行通信方式，对于绝对式编码器其备份电池放在机器人底座下面，对于增量式编码器采用 0.25$mm^2$2×4P（4 对）的双绞屏蔽线），制作时 VCC、GND；PS+、PS-分别双绞。

4）外部轴反馈（编码器跟踪）A、B、Z 信号必须采用 0.16~0.25$mm^2$2×4P（4 对）的双绞屏蔽线，制作时 A+、A-；B+、B-；Z+、Z-；VCC、GND 分别双绞。截面积的大小取决于线的长度，小于 10m 可采用 0.16mm^2，否则应选用 0.25mm^2，但总长不能大于 20m。

5）模拟量输出信号必须采用双绞屏蔽线，导线截面积不小于 0.25mm^2，模拟量信号与 GND 对绞，线的对数根据使用情况而定。

6）与 I/O 扩展板、机器人专用端子板相连的信号线采用多股铜芯线，导线截面积通常采用 0.75mm^2，并必须压 H 形端子。

7）电柜与机器人本体之间的电动机线与编码器线必须分开走线，其中编码器线采用 0.25$mm^2$2×12P（12 对）的双绞屏蔽线，外加蛇波管或波纹管；电动机线采用 32 芯（每个电动机 3 根相线+1 根地线，报闸电源正端两根线，其余每个轴一根线）BVR 护套线，外加蛇皮管或波纹管。

8）机器人本体内编码器线采用超柔、高折弯、抗扭曲 0.25$mm^2$2×3P 的双绞屏蔽线，制作时 VCC、GND；PS+、PS-；BAT+、BAT-分别双绞，其中 VCC、GND；PS+、PS-信号从矩形插座取，PS+、PS-从电池板上取，然后直接引到每个电动机的码盘上。

9）机器人本体内电动机线采用超柔、高折弯、抗扭曲6芯护套线，直接从矩形插座引到每个电动机上。

线材选用示例如图2-48所示。

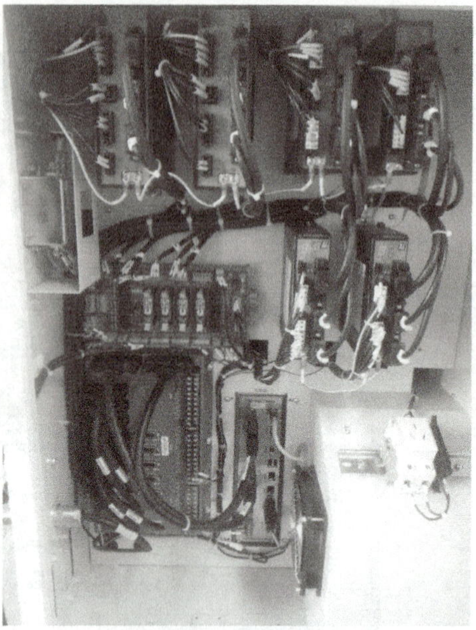

图2-48　线材选用示例

六、走线

走线时必须注意强弱电分开的原则，即电源线、电动机线应与驱动信号线、编码器信号线、I/O信号线分开走，确保路径最短；电源线的分线处尽量与驱动器靠近，电动机线矩形插座尽量靠近驱动器，让电动机线以最短路径出电气柜。

通常散线走在线槽内，屏蔽线则不一定，为确保与强电部分的距离，也可架空走线，但必须加以固定。走线示例如图2-49所示。

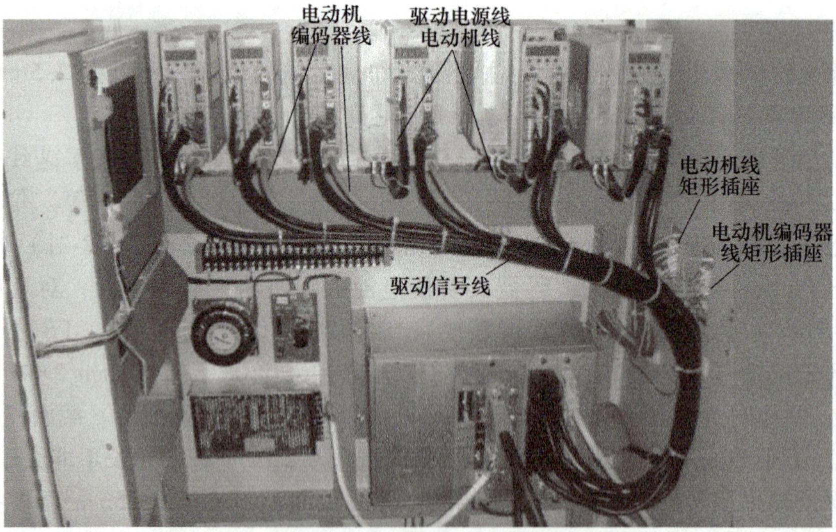

图2-49　走线示例

关于示教盒的走线，需要柜体上开方孔，使DB插头能穿过；然后用压板将线压紧（可加装线缆固定头加以保护）。示教盒的走线如图2-50所示。

2.2.3　屏护与间距

【相关知识】

屏护和间距是较为常用的电气安全措施。从防止电击的角度而言，屏护和间距属于防止直接接触的安全措施。此外屏护和间距还是防止短路、故障接地等电气事故的安全措施。

一、屏护

1. 屏护的概念、种类及其应用

(1) 概念　屏护是指采用遮栏、护罩、护盖、箱匣等把危险的带电体与外界隔离开来的安全防护措施。屏护的特点是屏护装置不直接与带电体接触，对所用材料的电气性能无严格要求，但应有足够的机械强度和良好的耐火性能。

(2) 分类　屏护装置按使用要求分为永久性屏护装置和临时性屏护装置，前者如配电装置的遮栏、开关的罩盖等；后者如检修工作中使用的临时屏护装置和临时设备的屏护装置等。

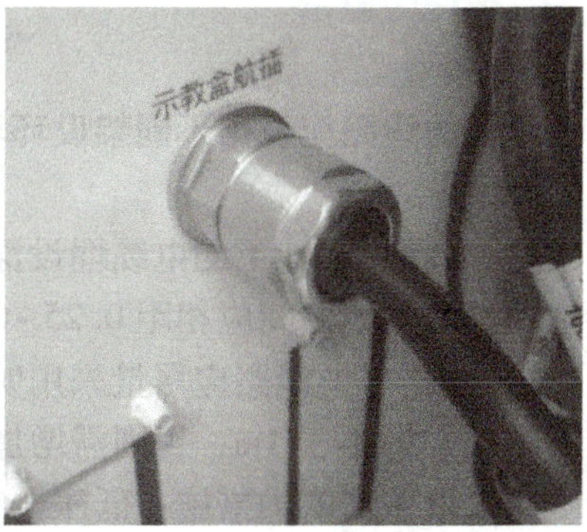

图 2-50　示教盒的走线

屏护装置按使用对象分为固定屏护装置和移动屏护装置，如母线的护网就属于固定屏护装置；而跟随行车移动的行车滑线屏护装置就属于移动屏护装置。

(3) 应用　屏护装置主要用于电气设备不便于绝缘或绝缘不足以保证安全的场合。以下场合需要屏护：

1）开关电器的可动部分，如闸刀开关的胶盖、封闭式负荷开关的铁壳等。

2）人体可能接近或触及的裸线、行车滑线、母线等。

3）高压设备，无论是否有绝缘都应配备屏护装置。

4）安装在人体可能接近或触及场所的变配电装置。

5）在带电体附近作业时，作业人员与带电体之间、过道、入口等处应装设可移动临时性屏护装置。

2. 屏护装置的安全条件

尽管屏护装置非常简单，但为了确保其有效性，必须满足以下的条件：

1）屏护装置所用材料应有足够的机械强度和良好的耐火性能，金属屏护装置必须实行可靠的接地或接零。

2）屏护装置应有足够的尺寸，并且与带电体之间应保持必要的距离。

3）遮栏、栅栏等屏护装置上应有“止步，高压危险!”等标志。

二、间距

间距是指带电体与地面之间、带电体与其他设备和设施之间、带电体与带电体之间必要的安全距离。间距的作用是防止触电、火灾、过电压放电及各种短路事故，以及方便操作。其距离的大小取决于电压高低、设备类型、安装方式和周围环境等。

【技能操作】

一、屏护要求

1）所用材料必须具有良好的机械和电气性能。

2）遮栏应经久耐用，障碍要求安装牢固。

3）金属屏护装置具有良好的接地（接零）。

4）屏护装置与带电体安全距离足够。

5）遮栏上应有警告标志，门口加锁。

6）遮栏高度及离地高度合适，与带电体距离合适。

二、间距要求

1. 线路间距

不同的线路应根据不同架设环境保持合适的间距。

2. 电缆线路

1）直接埋在地下的电缆埋设深度一般不应小于 0.7m，并应埋在冻土层以下，与一般接地装置的接地之间应相距 0.25~0.5m。

2）户内电缆线路应尽量采用明敷方式，埋入地下时应当穿管。户内电缆与热力管道之间的距离不得小于 1m，否则需增加隔热装置；电缆与其他管道之间的距离不得小于 0.5m，否则应采取适当防护措施；低压电缆之间的距离一般不小于 35mm；高、低压电缆之间的距离一般不小于 150mm。

3. 室内、外低压线路

1）线路水平敷设时，距地面最小允许距离：室内为 2.5m，室外为 2.7m；线路垂直敷设时，距地面最小允许距离：室内为 1.8m，室外为 2.7m。

2）室内、外绝缘导线间最小允许距离见表 2-7。

表 2-7　室内、外绝缘导线间最小允许距离　（单位：mm）

固定点间距	导线最小间隔	
	室内配线	室外配线
1.5m 以下	35	100
1.5~3m	50	100
3~6m	70	100
6m 以上	100	150

2.2.4　安全回路的连接

【相关知识】

一、接地与接零的概念

当电气设备因绝缘损坏而发生漏电或击穿时，平时不带电的金属外壳及与之相连的其他金属部分便带有电压，当人体触及这些带电部分时，就有可能发生触电事故。采用保护接地和保护接零是防止这类事故发生的主要技术措施。

1. 接地

出于不同的目的，将电气装置中某一部位经接地线或接地体与大地做良好的电气连接，称为接地。根据接地的功能不同，接地可分为工作接地、保护接地、雷电保护接地以及防静电接地。

2. 接零

为保护人身安全，在低压电网中性点接地系统中，将电气设备的外壳与电源的中性线相接，称为保护接零。

为防止保护接零系统中的零线断裂所造成的危害，将零线的每一个重要分支线路都进行一次可靠接地的方式，称为重复接地。

二、接地装置的分类和技术要求

1. 接地装置的分类

接地装置可分为单极接地装置、多极接地装置（简称多极接地）和接地网络三种。

2. 接地装置的技术要求

1）对接地电阻的要求，保护接地的接地电阻应不大于 4Ω。

2）接入交流电源线中必须有地线，若现场没有 PE（地线），也可用 N（零线）替代，但必须在配电柜里接线；也可自行打根地线（打两根长 2.5m 的 35mm×35mm 以上规格的角钢，间距为 3m）。

3）进线接地线截面积不可低于 2.5mm^2，进入电柜后接入接地排。

4）电柜内每一个电器必须接地（从接地排引接），且截面积不得低于 1.5mm^2。

5）所有屏蔽线的屏蔽层必须与插头外壳或插座中的接地引脚相连，屏蔽层的编织不少于两股，双端接地。

6）本体上电动机的接地线与电动机动力线一起走线，经过矩形连接器。

7）电动机编码器线的屏蔽层也必须通过矩形连接器与电柜到本体屏蔽线的屏蔽层相连（该线的屏蔽层分成 6 股，与电柜内的每一根编码器的屏蔽层相连，另外还需单独分股屏蔽层编织接到矩形插座的接地点上，电柜内也需单独从接地排上连接地线到矩形插座的接地点上）。

8）机器人本体需要单独接接地线。

9）为了得到良好的接地性能，建议安装电器的基板采用铜锌板。

【技能操作】

1. 接地支线的安装规范

1）每一台设备的接地点必须用一根接地支线与接地干线单独连接。不允许用一根接地支线把几台设备的接地点串联起来，也不允许将几根接地支线并接在接地干线上的一个连接点上。

2）在室内容易被人体触及的地方，接地支线要采用多股绝缘线。在连接处必须恢复绝缘层。

3）接地支线与接地干线或与设备接地点的连接，其线头要用接线耳，采用螺钉压接。在有振动的场所，螺钉上要加弹簧垫圈。

4）固定敷设的接地支线需接长时，连接处必须正规，铜芯线连接处要锡焊加固。

5）在电动机保护接地中，可利用电动机与控制开关之间的导线保护钢管作为控制开关外壳的接地线，其安装方法如图 2-51 所示。

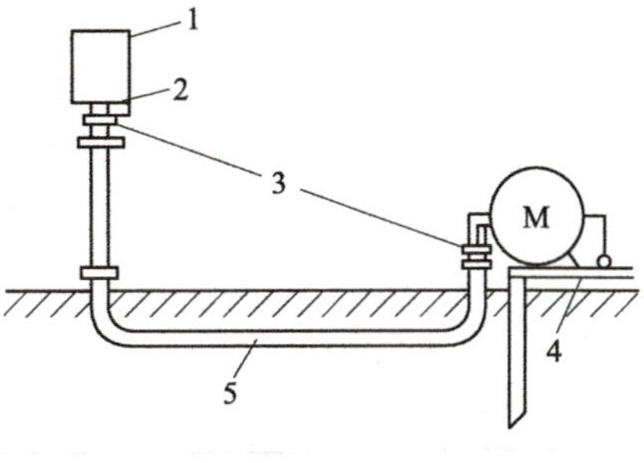

图 2-51　利用自然金属体做接地支线

1—开关外壳　2—接地点　3—金属夹头　4—接地干线　5—电源线保护钢管

6）接地支线的每个连接处，都应置于明显部位，以便检修。

2. 接地线的选用

（1）用于输配电系统工作接地线的选用　用于输配电系统的工作接地线应满足以下规定：

1）10kV 避雷器的接地支线宜采用多股铜芯或铝芯的绝缘电线或裸线；接地线可用铜芯或铝芯的绝缘电线或裸线，也可选用扁钢、圆钢或镀锌铁丝绞线，截面积应不小于 16mm^2。用作避雷针或避雷线的接地线的截面积应不小于 25mm^2。接地干线通常用截面积不小于

4mm×12mm 的扁钢或直径不小于 6mm 的圆钢。

2）配电变压器低压侧中性点的接地支线，要采用截面积不小于 $35mm^2$ 的裸铜绞线；容量在 100kV·A 以下的变压器，其中性点接地支线可采用截面积为 $25mm^2$ 的裸铜绞线。

（2）用于金属外壳保护接地线的选用　接地线最小截面积应不小于 $1.5mm^2$，裸导线应不小于 $4mm^2$；接地干线必须按不小于相应电源相线截面积的 1/2 选用。装于地下的接地线不准采用铝导线，移动电具的接地支线必须用铜芯绝缘软导线。

3. 安全保护接地线的连接

将电气设备的金属外壳与接地体连接，以防止因电气设备绝缘损坏而使外壳带电时，操作人员接触设备外壳而触电，如图 2-52 所示。

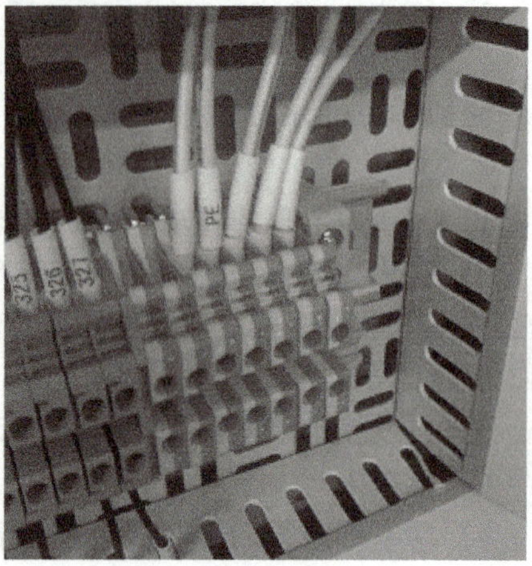

图 2-52　安全保护接地线的连接

2.3　工作站电气系统功能检查与调试

2.3.1　机器人电气系统调试

【相关知识】——工业机器人电气系统总体分布

由插头接入外部电源给断路器，断路器分级后给 220V 的电器供电，然后由 24V 给低压电器供电。常见的电源供电分配如图 2-53 所示。某工作站的电气配电柜实物图如图 2-54 和图 2-55 所示。

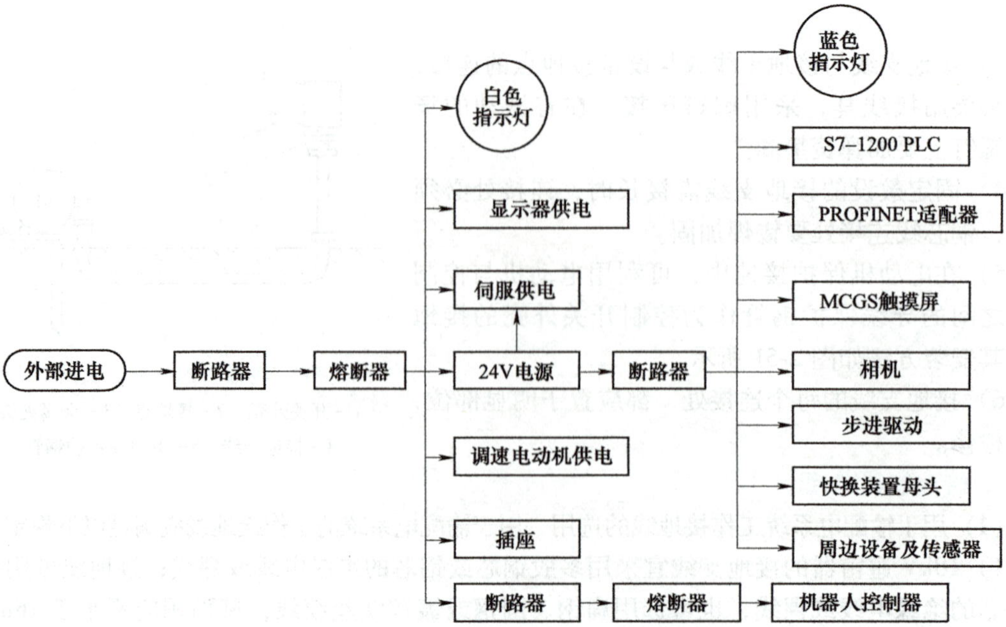

图 2-53　常见的电源供电分配

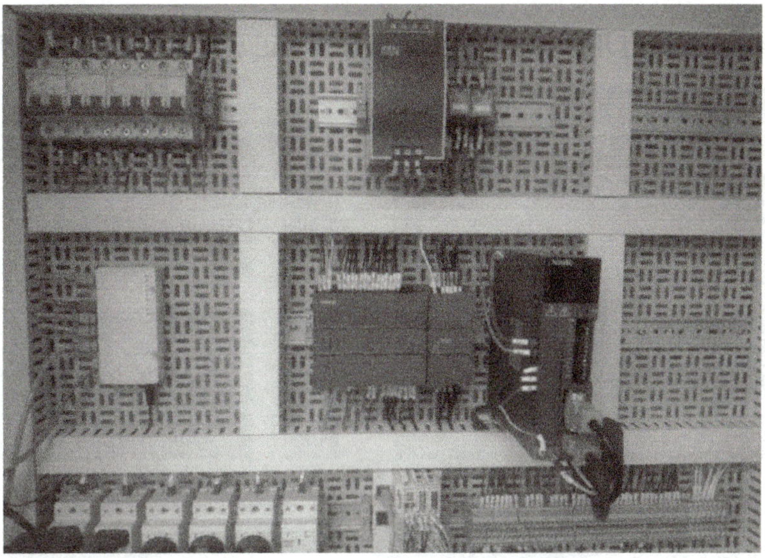

图 2-54　某工作站的电气配电柜实物图一

【技能操作】——机器人电气系统调试

一、接通、断开机器人系统的主电源及电气柜电源

1）将工作站主电源插头连接到外部电源，检查是否插牢，如图 2-56 所示。

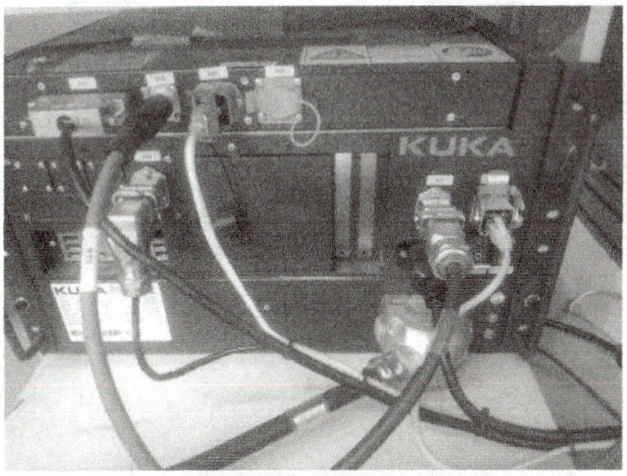

图 2-55　某工作站的电气配电柜实物图二

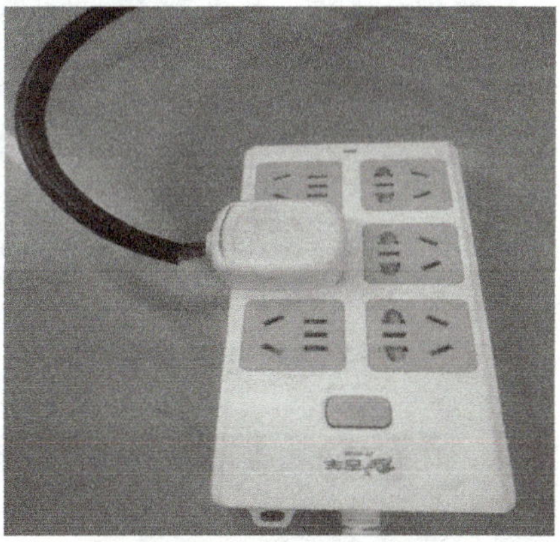

图 2-56　连接外部电源

2）依次合上配电柜断路器，观察开关电源模块、PLC 模块、伺服驱动器电源指示灯是否点亮，如图 2-57 所示。

3）合上控制柜上的电源开关，检查电源指示灯是否点亮，如图 2-58 所示。

4）合上示教器电源开关，观察示教器是否通电运行，如图 2-59 和图 2-60 所示。

5）关闭机器人电源操作与开启电源顺序相反，切记直接拔掉电源插头，防止损坏设备或数据丢失。

二、启动、停止机器人及周边配套设备

1）通过示教器启动、停止机器人。打开示教器，可以通过示教器移动机器人，如图 2-61

所示。

2）打开 24V 电源，打开触摸屏，检查触摸屏能否正常使用，如图 2-62 所示。

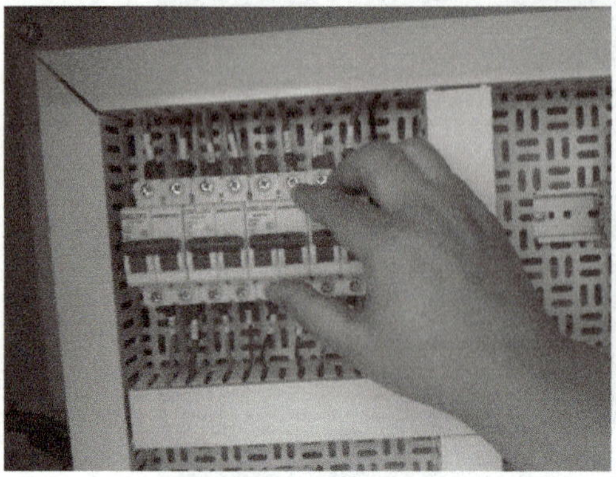
图 2-57 合上配电柜断路器开关

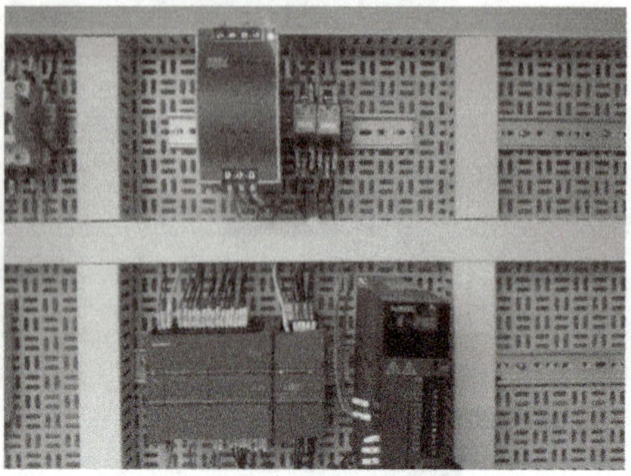
图 2-58 合上控制柜上的电源开关

图 2-59 示教器电源通电

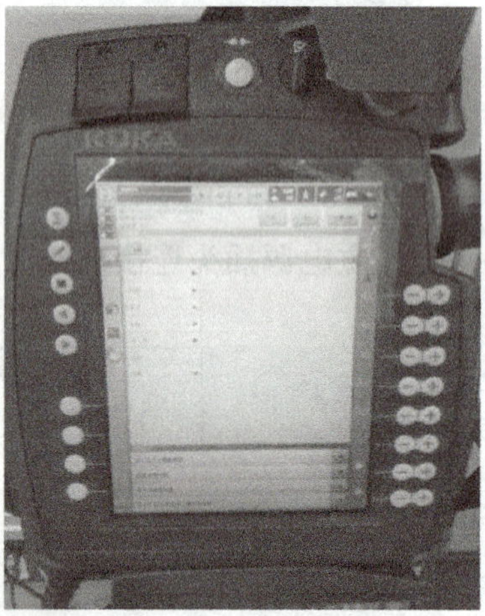
图 2-60 示教器通电运行

图 2-61 通过示教器移动机器人

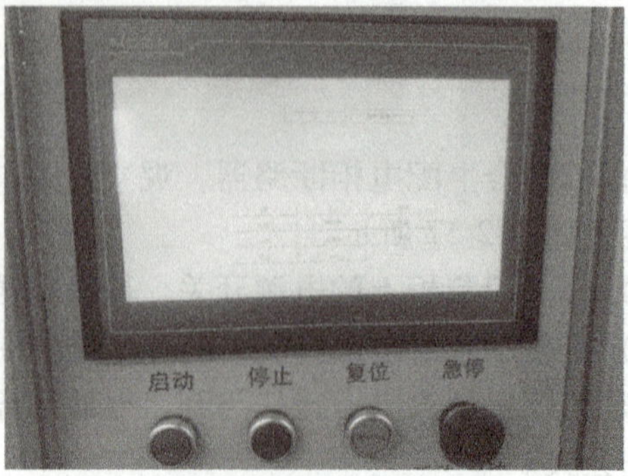

图 2-62 检查触摸屏

3）打开 24V 电源，检查 PLC 指示灯电源是否点亮，如图 2-63 所示。

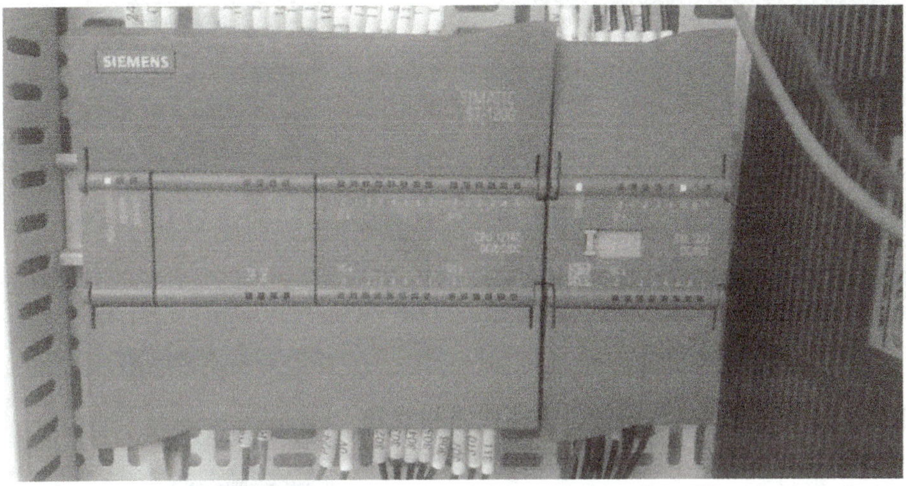

图 2-63　检查 PLC 指示灯电源

4）打开伺服控制器电源，检查是否能够正常使用及参数配置等，如图 2-64 所示。

图 2-64　检查伺服控制器

5）将工业机器人控制柜、空气压缩机、视觉光源控制器、散热风扇、摄像头、视觉检测结果电源线插到插座上，连接完成后整理线缆并盖上线槽盖板，如图 2-65～图 2-67 所示。

三、利用仪器、仪表测试电气柜配电盘的功能

1. 工作站主电路短路的检测

1）在断电情况下，打开数字式万用表，将旋钮转到蜂鸣器挡位。

图 2-65　电气连接

图 2-66 视觉检测

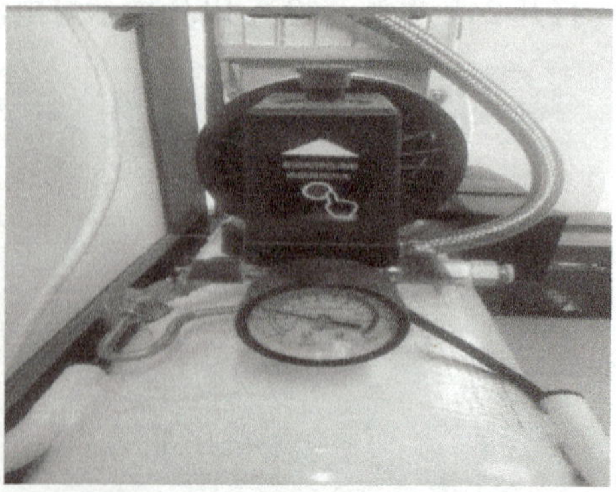

图 2-67 空气压缩机

2）根据工作站主电路电气图样，检测线路相线和中性线之间接线是否出现短路，如出现短路，万用表蜂鸣器会持续发出响声，同时指示灯亮起，如图 2-68 所示。

3）发现短路现象后，检查短路原因。

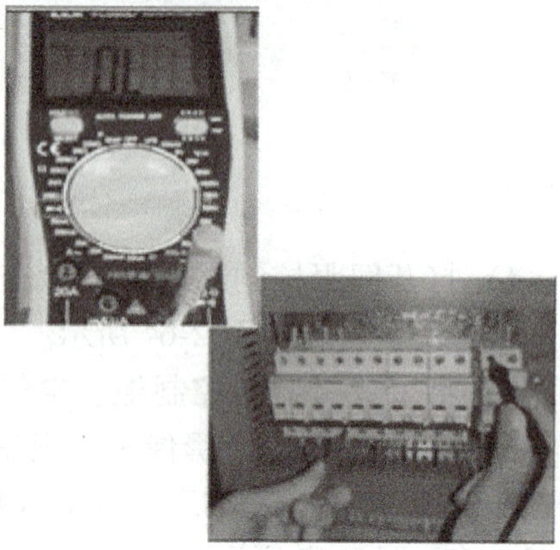

图 2-68 主电路短路的检测

2. 工作站控制电路短路的检测

1）在断电情况下，打开万用表，将旋钮转到蜂鸣器挡位。

2）检测直流 24V 和 0V 之间的接线有没有短路，如出现短路，万用表蜂鸣器会持续发出响声，同时指示灯亮起。

3）发现短路现象后，检查接线端子是否出现短接，如图 2-69 所示。

3. 工作站主电路开路的检测

1）在断电情况下，用手轻轻拽动接线端子（图 2-70），查看端子是否压牢固，是否有松动现象，如有松动则用螺钉旋具拧紧。

图 2-69 控制电路短路的检测

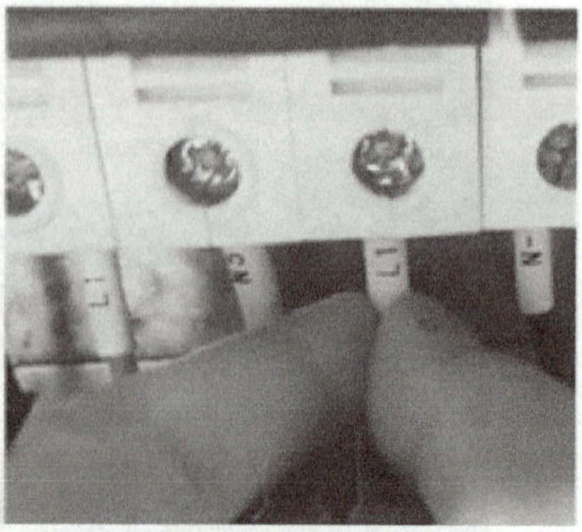

图 2-70 主电路开路的检测

2）在通电情况下，用万用表电压挡检测主电路有无电压，发现断路现象后，检查接线端子是否出现断接。

4. 工作站主电路电压的检测

1）打开万用表，将旋钮转到 V~挡位。

2）将万用表两表笔放在两个要测试的端子上，读取电压值。

3）读取的电压值如果和被测的电压误差不大，则电路交流电压正常；如果误差较大，则应该检查电路。

5. 工作站辅助电压的检测

1）打开万用表，将旋钮转到 V-挡位。

2）将万用表两表笔放在两个要测试的端子上，读取电压值（注意正负）。

3）读取的电压值如果和被测的电压误差不大，则电路直流电压正常；如果数值为负数，则说明表笔正负接反。

2.3.2 电气部件装调记录单的填写

【相关知识】

在实际工作当中，完成某电气部件的装配和调试后，应当正确填写电气部件装调记录单并留存，以便进行以后的使用、维护及保养工作，表 2-8 为某机器人工作站电气设备装调记录单。

1）电气设备装调记录单包含装配记录和调试记录两部分内容。

2）装配记录包括项目名称、装调项目、完成情况、装配人员、验收人员、装配时间等信息，要根据现场装调情况如实填写。

3）调试记录包括项目名称、调试项目、调试时间、完成情况、调试人员、验收人员等信息，要根据现场调试情况如实填写。

表 2-8　某机器人工作站电气设备装调记录单

名称	电气设备装调		装配时间	×年×月×日	填表人	张三
装配记录	项目：推料气缸磁性开关的安装		完成情况	装配人员	验收人员	备注
	1	磁性开关	完成	李四	王五	
	2					
	3					
	4					
调试记录	项目：推料气缸磁性开关的调试		调试时间	完成情况	调试人员	验收人员
	1	磁性开关	10.21	完成	李四	王五
	2					
	3					
	4					
	5					
	6					

【技能操作】

1）日常维护。按照表 2-9 所列项目进行日常维护。

表 2-9 某机器人日常维护项目表

名称	电气元件装调		装配时间	×年×月×日	填表人	李四
装配记录	项目：24V 开关电源的更换		完成情况	装配人员	验收人员	备注
	1	24V 开关电源安装	完成	张三	王五	元器件确认损坏
	2					
	3					
	4					
调试记录	项目：设备日常维护		调试时间	完成情况	调试人员	备注
	1	控制柜门是否完好	每天	完好	刘二	
	2	急停按钮	每天	正常	刘二	
	3	安全开关	每天	正常	刘二	
	4					
	5					
	6					

2）供电电源电压的确认。用万用表交流电压挡检测控制柜进线断路器（QF0）上的L1、L2、L3、N 进线端子部位，确认供电电源电压是否正常。

3）其他检查项目根据实际情况进行填写。

2.4 电气系统装调技能训练实例

技能训练 1 工业机器人安全门电气线路的连接与调试

一、训练要求

某工业机器人安全门的实物图如图 2-71 所示。装调要求如下：

图 2-71 某工业机器人安全门的实物图

1）除非安全门关闭，否则机器人不能自动运行。

2）安全门关闭前，不能重新启动机器人再现运行，这是操作人员必须要考虑的。

3）安全门利用安全插销和安全插槽来固定，必须选择合适的尺寸。

4）安全门必须在危险发生前一直保持关闭状态（带保护闸的防护装置）或者是在机器人运行时打开安全门就能发送停止或急停命令（互锁的防护装置）。

5）确保操作过程中的人身和设备安全。

6）选择合适的开关型号，正确使用仪器仪表，查阅资料，合理规范接线，调试验收。

二、工具及器材

根据实际需求，选择工具及器材，见表 2-10。

表 2-10　工具及器材清单

序号	名称	规格	数量/个	备注
1	螺钉旋具	一字	1	
2	螺钉旋具	十字	1	
3	内六方扳手	套	1	
4	万用表	个	1	

三、评分标准

评分标准见表 2-11。

表 2-11　评分标准

序号	主要内容	考核要求	评分标准	配分	扣分	得分
1	安全门开关型号的选择	严格按照控制要求进行选型，选型符合设计要求	不能正确地选择型号扣 3 分	3		
2	仪器仪表的使用	能正确地选择仪器仪表，并用其对元器件进行检测	1）不能正确使用仪器仪表，每错一处扣 1 分 2）损坏仪器仪表扣 5 分	5		
3	安全门开关的接线	严格按照电工行业标准要求进行接线	1）导线选择不正确，每处扣 1 分 2）布线不符合要求，每根扣 3 分 3）连接点松动、露铜过长、压绝缘层、反圈等，每处扣 1 分 4）损伤导线绝缘层或线芯，每处扣 1 分 5）漏装或套错线号管，每处扣 1 分 6）漏接接地线，扣 5 分	5		
4	安全门开关的电气调试	安全门可以正常使用，具备保护功能	1）安全门不能正常开关，扣 2 分 2）第一次试运行不成功，扣 3 分 3）第二次试运行不成功，扣 5 分	5		

（续）

序号	主要内容	考核要求	评分标准	配分	扣分	得分
5	职业素养和安全规范	1）现场操作安全保护符合安全规范操作流程 2）劳保鞋、安全手套等安全防护用品穿戴合理 3）遵守考核纪律，尊重考核人员 4）爱惜设备器材，保持工作的整洁	1）操作不符合安全规范操作流程，但未损坏设备，扣1分 2）未正确穿戴安全防护用品，扣0.5分 3）工作场地不整洁，扣0.5分	2		
备注			合计			
			考评员签字	年　月　日		

四、操作步骤

工业机器人安全门电气安装步骤如下：

1）根据任务要求选择合适的安全开关。工业机器人在安装完成安全栅栏后，需要在安全门的合适位置安上安全开关。在安装安全开关前，首先要选择安全开关的型号，根据型号查阅相关使用说明书，然后再完成安全开关的固定和电气接线。图 2-72 所示为欧姆龙 D4NS-1AF 安全开关。

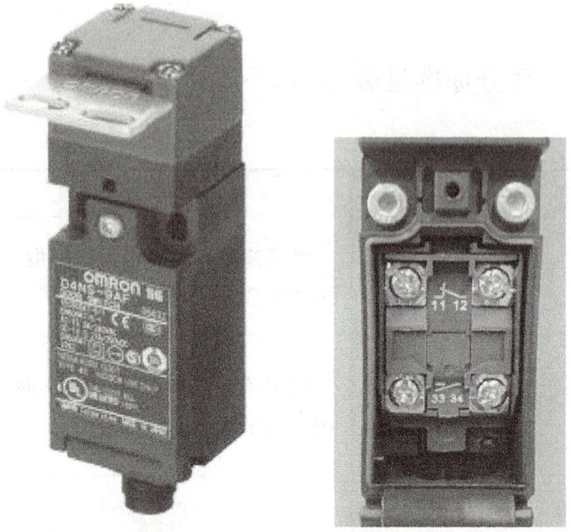

a) 外形　　b) 内部触点

图 2-72　欧姆龙 D4NS-1AF 安全开关

欧姆龙 D4NS-1AF 安全开关采用一触式拆装的两种接线方式，内置开关种类丰富，适用于各类装置（可以选择 4 触点、5 触点、6 触点）。锁定强度为 1300N，无须取下头部便可改变钥匙插入方向。大幅度减小螺线管电流，有助于降低电源成本。拆开顶盖，可以看到安全开关的接线柱。

2）将安全开关固定在安全门的立柱上，使其能够正常开关门。

3）查阅安全开关的使用说明书，进行接线。

4）查阅机器人工作站 PLC 设备 I/O 分配表，将开关线接入到设备 PLC 的输入端。

5）用万用表检查接线是否正确。

6）上电调试，设备上电，打开、关闭安全门，查看 PLC 的相应输入点是否有信号。

7）调试完成后，整理线路。

技能训练 2　气吸式末端执行器电气线路的连接与调试

一、训练要求

工业机器人末端手爪控制气路及传送带气缸控制气路的安装要求：完成工业机器人吸

盘、夹爪的部分气路连接。

1）机器人主气路接头的连接。

2）夹爪与吸盘电磁阀的安装及其气路的连接。

3）气管接头的安装。

4）气管与气管接头的连接。

二、工具及器材

根据实际需求，选择工具及器材，见表 2-12。

表 2-12　工具及器材清单

序号	名称	规格	数量/个	备注
1	螺钉旋具	一字	1	
2	螺钉旋具	十字	1	
3	内六方扳手	套	1	
4	万用表	个	1	
5	电磁阀	单电控、双电控	各 3	
6	导线	BVR1.5mm^2（红、黑）	若干	
7	针型及叉形轧头		若干	
8	线号管		若干	

三、评分标准

评分标准见表 2-13。

表 2-13　评分标准

序号	主要内容	考核要求	评分标准	配分	扣分	得分
1	电磁阀开关型号的选择	严格按照控制要求进行选型，选型符合设计要求	不能正确地选择型号扣 3 分	3		
2	仪器仪表的使用	能正确地选择仪器仪表，并用其对元件进行检测	1）不能正确使用仪器仪表，每错一处扣 1 分 2）损坏仪器仪表扣 5 分	5		
3	电磁阀的接线	严格按照电工行业标准要求进行接线	1）导线选择不正确，每处扣 1 分 2）布线不符合要求，每根扣 3 分 3）连接点松动、露铜过长、压绝缘层、反圈等，每处扣 1 分 4）损伤导线绝缘层或线芯，每处扣 1 分 5）漏装或套错线号管，每处扣 1 分 6）漏接接地线，扣 5 分	5		

（续）

序号	主要内容	考核要求	评分标准	配分	扣分	得分
4	电磁阀开关的电气调试	电磁阀可以正常使用，具备保护功能	1）电磁阀不能正常开关，扣2分 2）第一次试运行不成功，扣3分 3）第二次试运行不成功，扣5分	5		
5	职业素养和安全规范	1）现场操作安全保护符合安全规范操作流程 2）劳保鞋、安全手套等安全防护用品穿戴合理 3）遵守考核纪律，尊重考核人员 4）爱惜设备器材，保持工作的整洁	1）操作不符合安全规范操作流程，但未损坏设备，扣1分 2）未正确穿戴安全防护用品，扣0.5分 3）工作场地不整洁，扣0.5分	2		
备注			合计			
			考评员签字	年　月　日		

四、操作步骤

1）机器人主气路接头的连接。

2）气管接头的安装

3）气管与气管接头的连接。

4）夹爪与吸盘电磁阀电气原理图的识读。

5）夹爪与吸盘电磁阀的安装及其气路的连接与检查。

①电磁换向阀是利用电磁铁吸力推动阀芯来改变阀的工作位置。由于它可借助于按钮、行程开关、限位开关、压力继电器等发出的信号进行控制，所以操作轻便，易于实现自动化。电磁换向阀的实物图如图2-73所示。

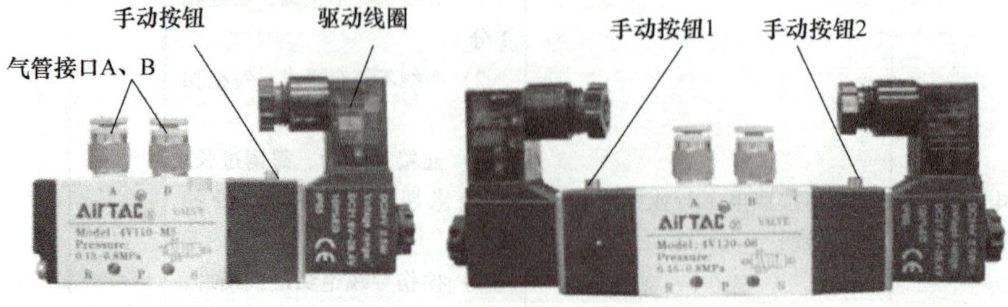

a) 单电控电磁阀　　b) 双电控电磁阀

图 2-73　电磁换向阀的实物图

②电磁阀的连接。阀用电磁铁根据所用电源的不同分为交流和直流。

a. 交流电磁铁。阀用交流电磁铁的使用电压一般为交流 220V，电气线路配置简单。交流电磁铁起动力较大，换向时间短。但换向冲击大，工作时温升高（故其外壳设有散热筋）；当阀芯卡住时，电磁铁因电流过大易烧坏，可靠性较差，所以切换频率不许超过 30 次/min，寿命较短。

b. 直流电磁铁。直流电磁铁一般使用 24V 直流电压，因此需要专用直流电源。其优点是不会因铁心卡住而烧坏（故其圆筒形外壳上没有散热筋），体积小，工作可靠，允许切换频率为 120 次/min，换向冲击小，使用寿命较长。但起动力比交流电磁铁小。

电磁阀的连接示意图如图 2-74 所示。

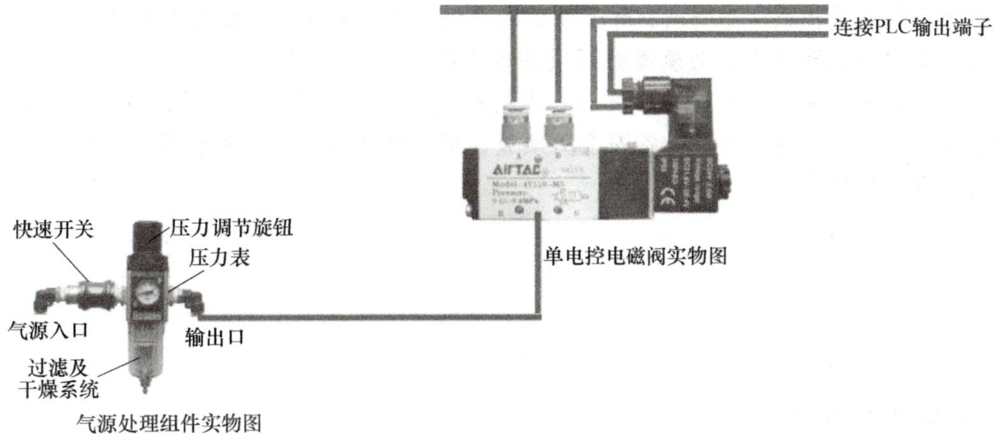

图 2-74　电磁阀的连接示意图

夹爪与吸盘电磁阀的安装连接效果如图 2-75 所示。

6）夹爪与吸盘电磁阀的安装及其气路的连接调试。

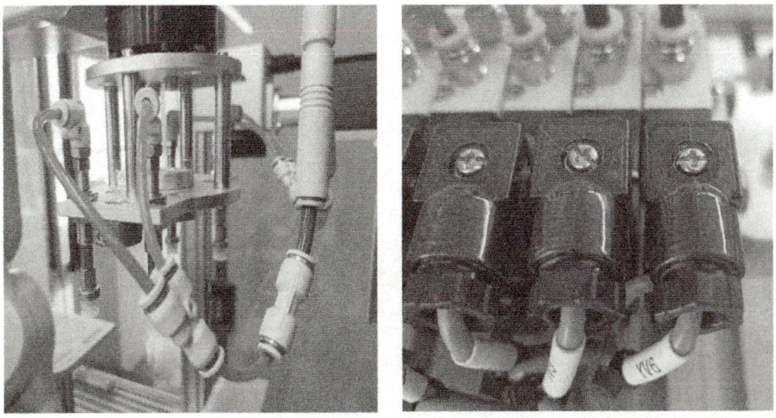

图 2-75　夹爪与吸盘电磁阀的安装连接效果

小提示

电气设备安装完毕后，后续工作就是尽快使其投入生产。要实现这一目标，设备调试是必不可少的过程。充分细致的设备装配检查是设备调试工作顺利完成的基础与前提，调试前需要再次对设备装配的完整性、安全性以及安装条件等做好检查工作。设备调试的内容主要包括设备使用性能、工作质量以及运行是否正常等。调试过程中，相应机械技术人员与辅助人员必须按时足员到位，在调试过程中进一步熟悉设备的操作要领、基本程序以及各项功能控制方法。

调试过程应有专门人员记录设备调试的各项步骤，通过对设备安装经验的系统总结，可以比较客观地归纳出设备的基本运行状态及特征。也可以为将来设备运行中可能出现的各种技术问题解决提供一手资料，对于设备的升级改造也能起到积极的辅助作用。

在设备的调试过程中，必须遵循两项基本原则：其一，“五先五后”原则，即先单机后联调，先就地后遥控，先点动后联动，先空载后负载，先手动后自动；其二，“安全第一”为基本准则。人身安全与设备安全必须放在第一位考虑，不能急于投产或轻忽大意而淡化安全调试的重要性。

复习思考题

1. 简述电气图的分类。
2. 电气安装工具有哪些？如何使用？
3. 常见电工仪器和仪表有哪些？如何使用？
4. 工业机器人工作站常用的电气元件有哪些？
5. 简述接地的概念。

项目 3

系统操作与编程调试

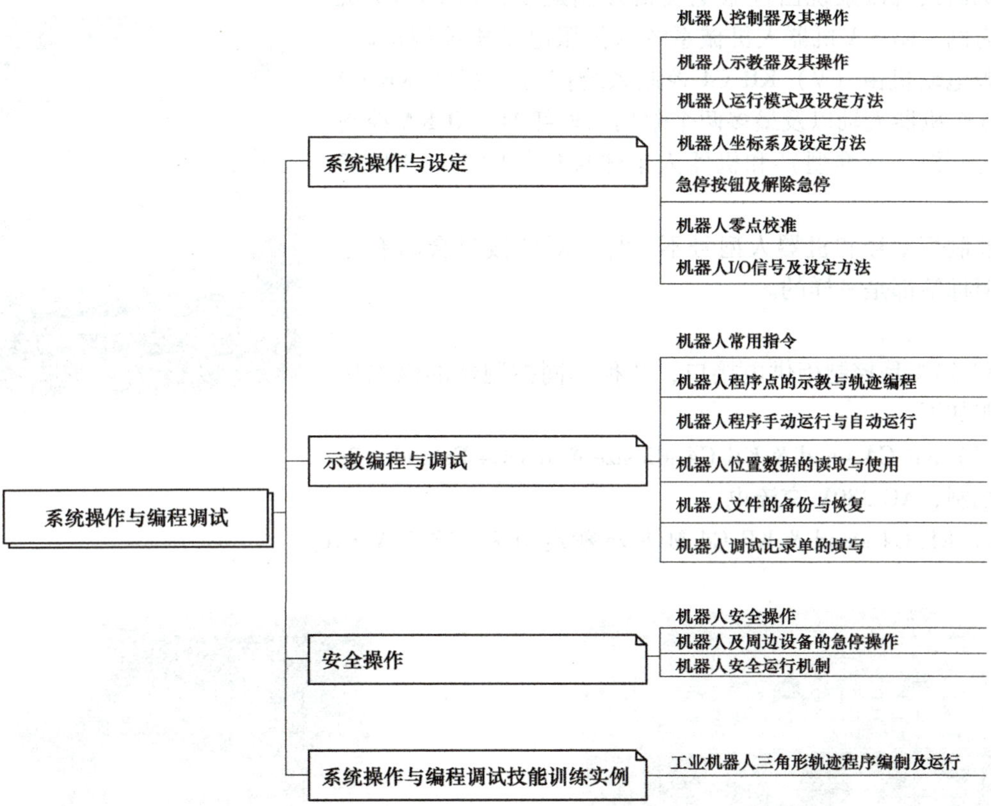

知识目标：

1. 掌握机器人系统操作与设定的方法。
2. 掌握机器人示教编程与调试的方法。
3. 掌握机器人安全操作注意事项。
4. 了解机器人安全运行机制。

技能目标：

1. 能通过控制器及示教器对机器人进行启动、停止、参数读取及设定等操作。

2. 能使用示教器编制轨迹运行程序。

3. 能备份和恢复机器人程序。

4. 能填写机器人重复定位精度、干涉碰撞、运行速度、故障信息等调试记录。

3.1 系统操作与设定

3.1.1 机器人控制器及其操作

【相关知识】

机器人机械系统由伺服电动机控制运动，以 KUKA 机器人为例，KUKA 机器人机械系统由伺服电动机控制运动，而伺服电动机由（V）KR C4 控制系统控制。（V）KR C4 控制 6 个机器人轴以及最多两个附加的外部轴。KUKA 控制器、控制柜（标准型）和机器人本体接口如图 3-1～图 3-3 所示。

图 3-1 控制器

控制柜型号和机器人型号不一样，对应接口会略有差别，但标签都是一样的。

1. X1 接口

X1 接头是控制柜供电接口，几种不同控制器的供电接口说明如下：

（1）KR C4 stand & KR C4 Midsize & KR C4 Extend 三相四线制，AC 380V 交流电。

1）KR C4 stand & KR C4 Midsize 额定功率：13. 5kV · A。

图 3-2 控制柜（标准型）接口

图 3-3 机器人本体接口

2）KR C4 Extend 额定功率：根据配置不同，功率不同。

（2）KR C4 Compact & KR C4 Smallsize 欧洲标准插头，AC 220V 交流电，额定功率 2kV · A。其中，AC 220V 供电插头已接好，直接接入即可；AC 380V 供电插头需用户接入，如图 3-4 所示。

U — X1接头针脚1
V — X1接头针脚2
W— X1接头针脚3
地线 — X1接头地线标识处
漏电开关大小：至少300mA
电源线规格：一根四芯电缆(6mm^2)
供电要求：开关单独给机器人供电

图 3-4　AC 380V 供电插头接法

2. X11 接口

X11 是机器人安全回路接口，根据控制柜型号不同，接线方式也不一样，以下是几种不同控制器的供电接口说明。

（1）KR C4 stand & KR C4 Midsize & KR C4 Extend 控制柜　急停、安全门信号说明：建议接入相应的安全装置里，如果确定不需要接入，将相应的通道短接即可，如图 3-5 所示。

X11接口接线方式:	
急停A组：1和2短接	
急停B组：19和20短接	
安全门A组：3和4短接	
安全门B组：21和22短接	
通道A组	通道B组
5和6短接	23和24短接
7和8短接	25和26短接
9和10短接	27和28短接
11和12短接	29和30短接
13和14短接	31和32短接

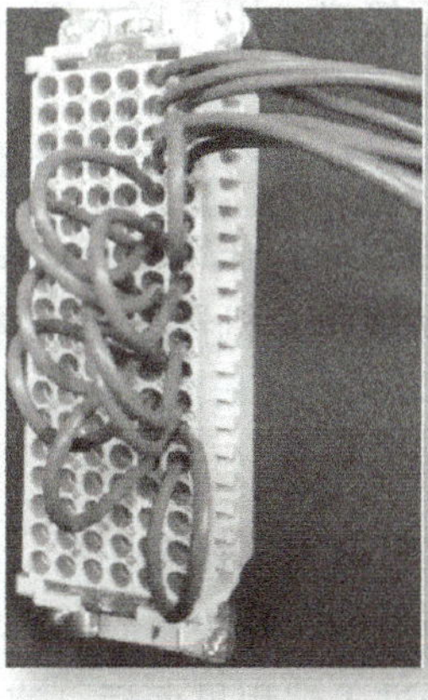

图 3-5　KR C4 stand & KR C4 Midsize & KR C4 Extend 控制柜接头接线方式

（2）KR C4 Compact & KR C4 Smallsize 控制柜　急停、安全门信号说明：建议接入相应的安全装置里，如果确定不需要接入，将相应的通道短接即可，如图 3-6 所示。

3. X51 接口

X51 是集线器，用于信号线、通信总线和网线等的接入，目的是防尘防水。

4. X20～X30 接口

X20～X30 是控制柜接口-机器人本体接口，控制柜到机器人本体的动力线。

5. X21～X31 接口

X21～X31 是控制柜接口-机器人本体接口，控制柜给机器人本体的数据线。

X11接口接线方式：	
急停A组：1和2短接	
急停B组：10和11短接	
安全门A组：3和4短接	
安全门B组：12和13短接	
通道A组	通道B组
5和6短接	14和15短接
7和8短接	16和17短接
18和19短接	28和29短接
20和21短接	30和31短接
22和23短接	32和33短接

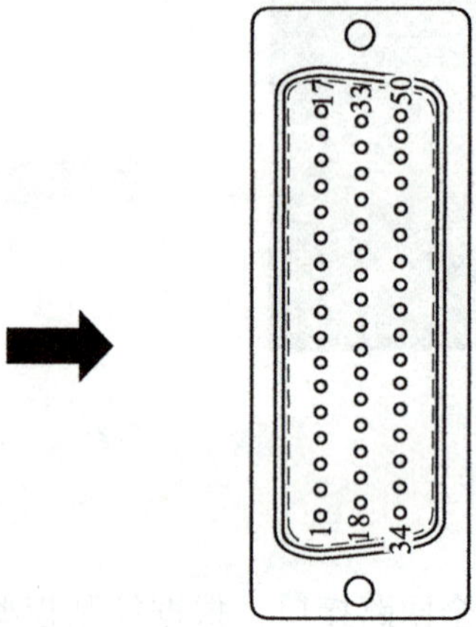

图 3-6　KR C4 Compact & KR C4 Smallsize 控制柜接头接线方式

注意：取下机器人本体 X31 接口的黑色保护盖时，密封圈也随着保护盖一起掉出来，需将密封圈取出并重新接入到 X31 接口。

6. X19 接口

X19 是控制柜接口，用于接入库卡示教器 smartPAD。

7. X32 接口

X32 是机器人本体接口，用于接入库卡零点校正工具，校正机器人零点。

在做好电气连接后，在机器人通电前，必须用万用表测量控制柜的供电大小，确认电源没有断相，电压等级符合机器人对电源的要求，确认完毕后即可通电。

【技能操作】——工业机器人控制柜的操作

一、开机操作

1）接通工业机器人工作站电源。

2）将控制柜上旋转开关置于 ON 状态，工业机器人处于启动状态。

3）待示教器进入编程界面后，表示工业机器人开机操作已完成。

在进行开机操作前应注意以下两点：

①确保工业机器人工作区域没有人在场。

②检查工业机器人位置及外围设备，杜绝开机可能导致的事故发生。

二、关机操作

1）将所有编程界面保存并关闭。

2）将控制柜上的旋转开关置于 OFF 状态。

在进行关机操作前应注意以下两点：

①将工业机器人置于原点位置。

②在保证设备安全的情况下，将工业机器人相应的输出信号关闭，防止关机后信号突然丢失导致末端执行器、工件掉落等问题的出现。

3.1.2　机器人示教器及其操作

【相关知识】

KUKA 机器人的操作通过手持示教器（即 KUKA smartPAD）进行。

一、示教器正面按键介绍

示教器正面按键如图 3-7 所示。

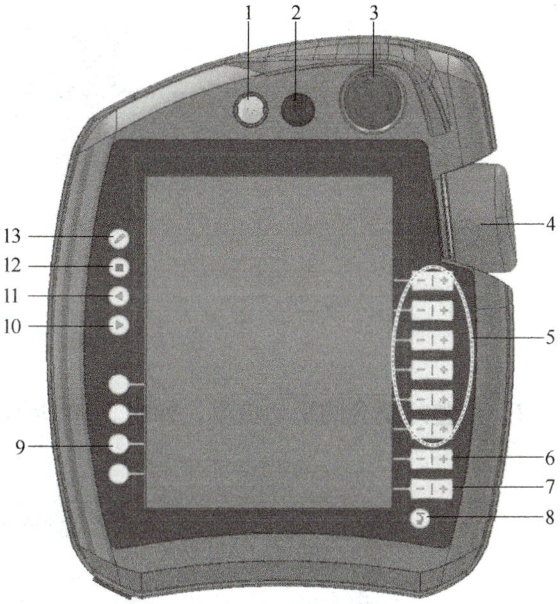

图 3-7　示教器正面按键

图 3-7 中各序号说明：

1—用于拔下 smartPAD 的按钮。

2—用于调出连接管理器的钥匙开关。只有当钥匙插入时，才可转动开关。可以通过连接管理器切换运行模式。

3—紧急停止按钮，用于在危险情况下关停机器人。紧急停止按钮在被按下时将自行闭锁。

4—6D 鼠标，用于手动移动机器人。

5—移动键，用于手动移动机器人。

6—用于设定程序倍率的按键。

7—用于设定手动倍率的按键。

8—主菜单按键，用来将菜单项显示出来。

9—工艺键，工艺键主要用于设定工艺程序包中的参数。其确切的功能取决于所安装的工艺程序包。

10—启动键，通过启动键可启动一个程序。

11—逆向启动键，用逆向启动键可逆向启动一个程序，程序将逐步运行。

12—停止键，用停止键可暂停正在运行的程序。

13—键盘按键，可显示键盘。通常不必将键盘显示出来，smartHMI 可识别需要通过键盘输入的情况并自动显示键盘。

二、示教器反面按键介绍

示教器反面按键如图 3-8 所示。

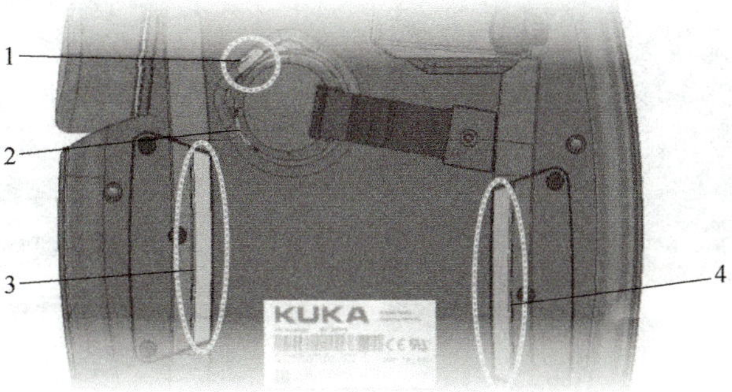

图 3-8　示教器反面按键

1、3、4—确认开关　2—启动键

注意：通过启动键 2 可启动一个程序，其与示教器正面启动键 10 功能一样。

【技能操作】

示教器运行操作步骤如下：

1）选择轴作为移动键的选项，如图 3-9 所示。

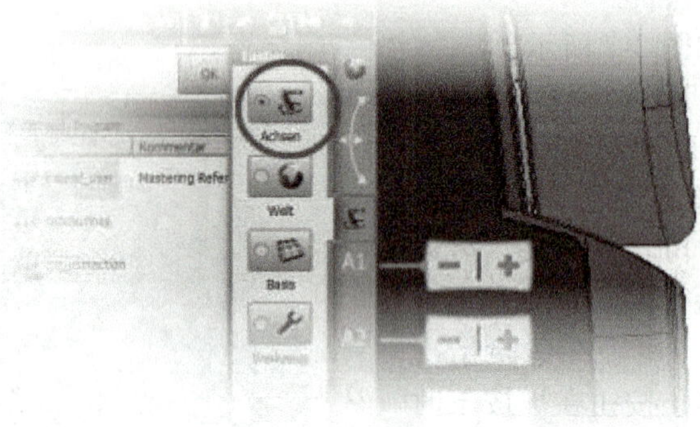

图 3-9　选择轴作为移动键的选项

2）调整好适合的手动倍率，如图 3-10 所示。

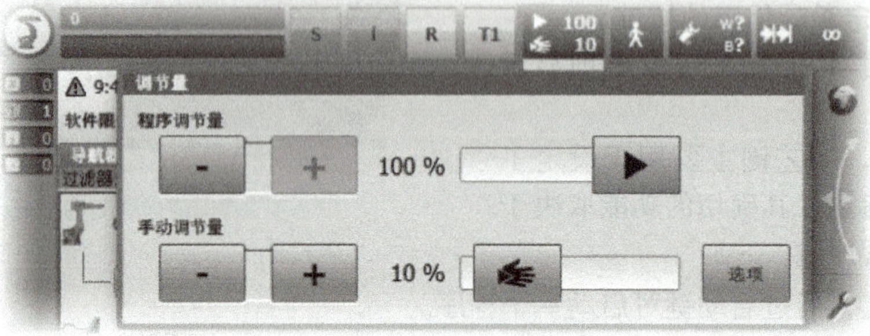

图 3-10　调整好适合的手动倍率

3）将确认开关按至中间挡位并按住，如图 3-11 所示。

4）按下正或负移动键，以使轴朝正方向或反方向运动，如图 3-12 所示。

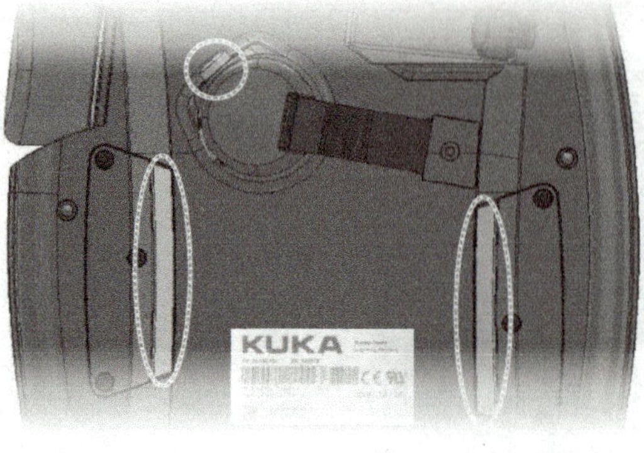

图 3-11　将确认开关按至中间挡位并按住

图 3-12　使轴朝正方向或反方向运动

3.1.3　机器人运行模式及设定方法

【相关知识】

KUKA 机器人的运行模式分为手动慢速运行、手动快速运行、自动运行和外部自动运行四种。

一、手动慢速运行模式（T1）

1）用于测试运行、编程和示教。

2）程序执行时的最大速度为 250mm/s。

3）手动运行时的最大速度为 250mm/s。

二、手动快速运行模式（T2）

1）用于测试运行。

2）程序执行时的速度等于编程设定的速度。

3）手动运行无法进行。

三、自动运行模式（AUT）

1）用于不带上级控制系统的工业机器人。

2）程序执行时的速度等于编程设定的速度。

3）手动运行无法进行。

四、外部自动运行模式（EXT）

1）用于带上级控制系统（PLC）的工业机器人。

2）程序执行时的速度等于编程设定的速度。

3）手动运行无法进行。

【技能操作】——机器人运行模式及设定方法

1）在 KCP 上转动用于连接管理器的开关，连接管理器随即显示，如图 3-13 所示。

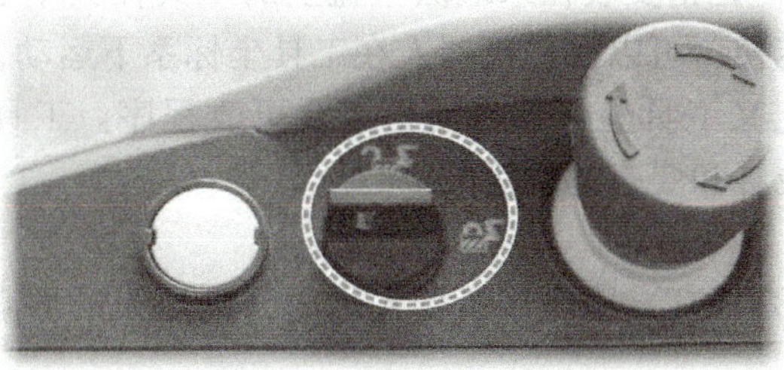

图 3-13　连接管理器

2）选择运行方式。如图 3-14 所示。

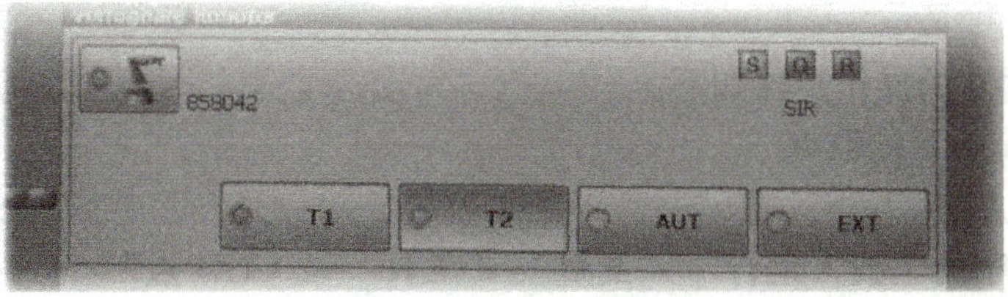

图 3-14　选择运行方式

3）将用于连接管理器的开关再次转回初始位置。

3.1.4　机器人坐标系及设定方法

【相关知识】

在工业机器人的操作、编程和投入运行时，坐标系具有重要的意义。在机器人控制系统中定义了有关坐标系，即世界坐标系、基坐标系、工具坐标系和机器人坐标系如图 3-15 所示。

一、世界坐标系

世界坐标系（WORLD）又称为大地坐标系或绝对坐标系。世界坐标系是机器人坐标系和基坐标系的基础，大多数情况下原点位于机器人足部。如果机器人安装在地面上，在基坐标系下示教编程很容易，但是当机器人采用吊装方式时，机器人末端移动直观性差，因而示教编程比较困难。若无特殊说明，单台机器人世界坐标系和基坐标系是重合的。

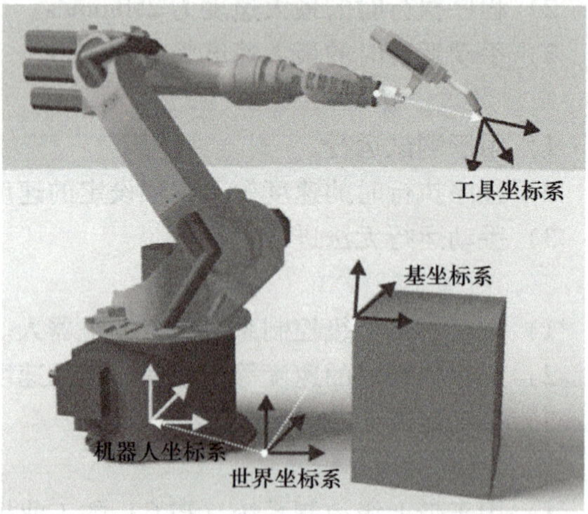

图 3-15　坐标系示意图

二、基坐标系

基坐标系（BASE）又称为机座坐标系，位于机器人机座。基坐标系在机器人基座中有相应的零点，可使固定安装机器人的移动具有可预测性。在正常配置的机器人系统中，操作人员可通过控制杆进行坐标系的移动。

三、工具坐标系

工具坐标系（TOOL）是指安装在末端法兰盘上的工具在其中心点（TCP）定义的一个坐标系。通过坐标系的转换，可以操作机器人在工具坐标系下运动，以方便操作。如果工具磨损或更换，只需重新定义工具坐标系，而不需要更改程序。工具坐标系建立在腕坐标系下，即两者之间的相对位置和姿态是确定的。

四、机器人坐标系

机器人坐标系（ROBROOT）固定于机器人足内，机器人的原点，说明机器人在世界坐标系中的位置。

【技能操作】

一、工具坐标系的建立

工具坐标系的建立也就是测量工具生成一个以工具参照点为原点的坐标系，该参照点被称为 TCP。

工具坐标系建立的操作步骤如下：

1. 确定工具坐标系的原点

方法：XYZ4 点法。

1）选择菜单序列“投入运行”→“测量”→“工具”→“XYZ4 点”。

2）为待测量的工具给定一个号码和一个名称，用“继续”键确认。

3）用TCP移至任意一个参照点，按下“测量”键，对话框提示“是否应用当前位置继续测量?”，选择“是”加以确认。

4）用TCP从一个其他方向朝参照点移动，重新按下“测量”键，用“是”回答对话框提问。

5）重复步骤4）两次。

6）负载数据输入窗口自动打开，正确输入负载数据，然后按下“继续”键。

7）包含测得的TCPX、Y、Z值的窗口自动打开，测量精度可从误差项中读取。数据可通过“保存”键直接保存。

2. 确定工具坐标系的姿态

方法：ABC世界坐标法。

1）在主菜单中选择“投入运行”→“测量”→“工具”→“ABC世界坐标”。

2）输入工具的编号，用“继续”键确认。

3）在“5D/6D”栏中选择“5D”，用“继续”键确认。

4）将$+X_{TOOL}$调整至平行于$-Z_{WORLD}$的方向（$+X_{TOOL}$=作业方向）。

5）按下“测量”键，对话框提示“要采用当前位置吗？测量将继续”，选择“是”来确认。

6）打开另一个窗口，在此必须输入负载数据。

7）用“继续”键和“保存”键结束此过程。

8）关闭菜单。

二、基坐标系的建立

基坐标系测定表示根据世界坐标系在机器人周围的某一个位置上创建坐标系，其目的是使机器人的手动运行以及编程设定的位置均以该坐标系为参照。因此，设定的工件支座和抽屉的边缘、货盘或机器的外缘均可作为基准坐标系中合理的参照点。

基坐标系测量分为两个步骤：

1）确定坐标原点。

2）定义坐标方向。

这两个步骤可以用3点法来完成，具体操作方法如下：

①在主菜单中选择“投入运行”→“测量”→“基坐标系”→“3点”。

②为基坐标分配一个号码和一个名称，用“继续”键确认。

③输入需用其TCP测量基坐标的工具的编号，用“继续”键确认。

④用TCP移到新基坐标系的原点，按下“测量”键，并选择“是”确认位置。

⑤将TCP移至新基座正向X轴上的一个点，按下“测量”键，并选择“是”确认位置。

⑥将TCP移至XY平面上一个带有正Y值的点，按下“测量”键，并选择“是”确认位置。

⑦按下“保存”键。

⑧关闭菜单。

注意：三个测量点不允许位于一条直线上。这些点之间必须有一个最小夹角（标准设定为2.5°）。

3.1.5　急停按钮及解除急停

【相关知识】

工业机器人急停按钮位于示教器上，在出现危险情况或紧急情况时按下此按钮，机器人会停止运行。若继续运行，则必须旋转急停按钮以将其解锁，并对停机信息进行确认。

急停按钮处于状态 TRUE（未被按下）时，机器人才能被操作，如图 3-16 所示。

外部紧急停止按钮是除了 KCP（库卡控制面板）上的已有的急停按钮（图 3-17）外，客户或供应商通过接口的输入端自行连接的安全按钮，用于在 KCP 已拔出的情况下也有紧急装置可供使用，如图 3-17 所示。

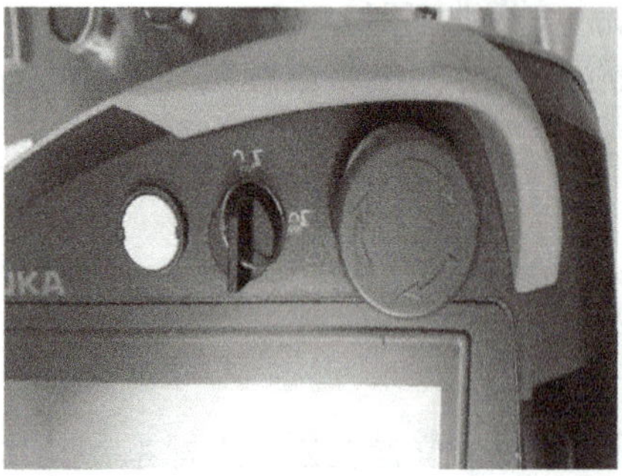

图 3-16　急停按钮（示教器）

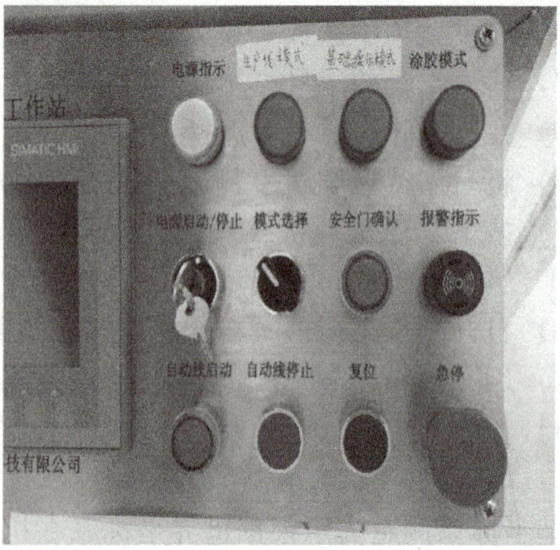

图 3-17　急停按钮（库卡控制面板）

【技能操作】——工业机器人急停及解除急停

1）正常启动工业机器人，并自动运行一段程序，运行时操作人员应将一只手放置在急停按钮上，随时准备按下。

2）当工业机器人轨迹不在预期之内或将要发生碰撞事故时，应立即按下急停按钮，工业机器人停止运行。

3）确认工业机器人运行无误后，旋转急停按钮解除急停。

4）再次运行工业机器人程序。

注意：为保证给操作人员留下充足的时间按下急停按钮，在工业机器人编程完成进行调试的过程中，应当先将工业机器人的运行速度调慢，待试运行无误后方可提高速度。若急停按钮操作过晚导致工业机器人发生碰撞无法手动运行，则可先解除抱闸，将工业机器人本体手臂从碰撞地点移开后恢复抱闸，在确定零点位置无误并调整程序后才能再次运行。

3.1.6　机器人零点校准

【相关知识】

零点是机器人坐标系的基准，只有在零点得到正确标定时，工业机器人的使用效果才会更好。因为只有这样，机器人才能达到最高的点精度和轨迹精度或者完全能够以编程设定的动作运行。

一、机器人轴未经零点标定的后果

如果机器人轴未经零点标定，则会严重限制机器人的功能，由此造成的后果有：

1）无法编程运行。

2）无法进行笛卡儿式手动运行。

3）软件限位开关关闭。

二、零点标定的条件

通常情况下，遇到下述情况时，必须进行零点标定：

1）对机器人进行调试时。

2）在对参与定位值感测的部件（如带分解器或 RDC 的电动机）采取了维护措施之后。

3）当未用控制系统（如借助于自由旋转装置）移动了机器人轴时。

4）进行了机械修理之后（如更换驱动电机）或者更换齿轮箱后，以高于 250mm/s 的速度撞到一个终端止挡上后或在碰撞后。

三、零点标定的方法

所有机器人的零点标定位置都是相似的，但不尽相同。在同一型号的不同机器人之间，精确位置有所不同，零点位置也略有不同。

零点标定可以通过确定轴的机械零点的方式进行。这个过程可以通过技术辅助工具电子控制仪（Electronic Mastering Device，EMD）来为任何一根轴在机械零点位置指定一个基准值（如 0°），这样就可以使轴的机械位置和电气位置保持一致，所以每一根轴都有一个唯一的角度值。电子控制仪如图 3-18 所示。

在进行机器人校正时，应先将各轴置于一个定义好的机械位置，即所谓的机械零点，这个机械零点位置表明了同轴的驱动角度之间的对应关系，通常用测量刻槽或划线表示，即预零点标定位置，如图 3-19 所示。

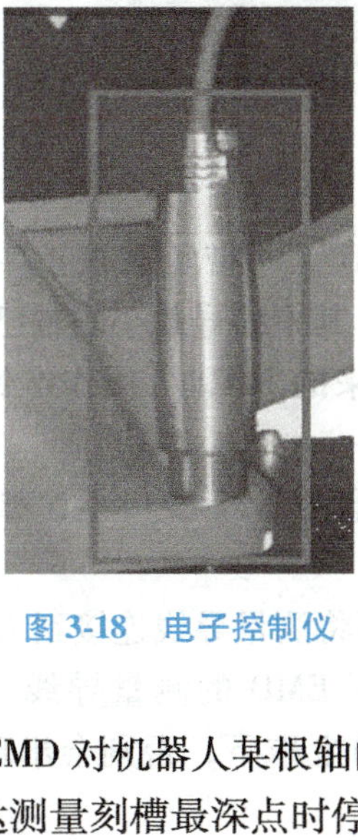

图 3-18　电子控制仪

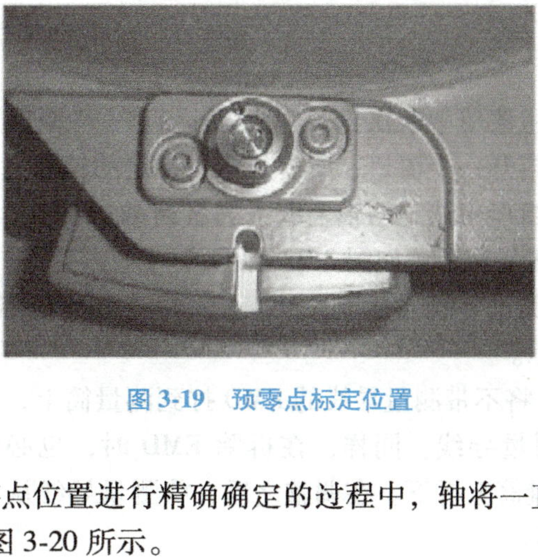

图 3-19　预零点标定位置

在用 EMD 对机器人某根轴的机械零点位置进行精确确定的过程中，轴将一直运行，直到探针到达测量刻槽最深点时停止，如图 3-20 所示。

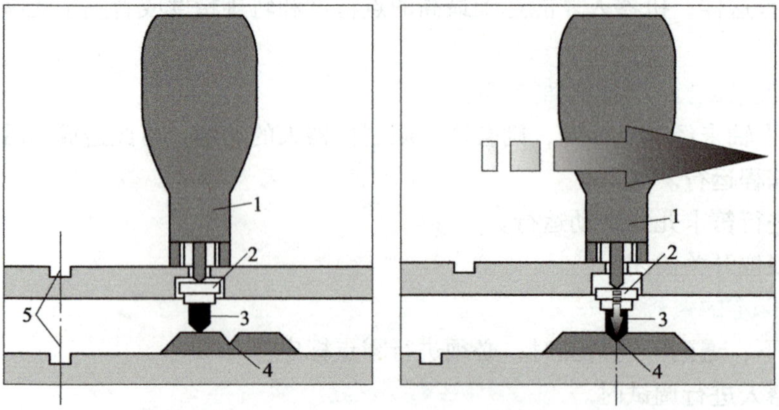

图 3-20 探针到达测量刻槽最深点

1—电子控制仪 2—测量筒 3—探针 4—测量刻槽 5—预零点标定位置

注意：

1）必须以图中所示箭头方向由“+”向“-”运动方向查找机械零点，如果必须改变方向，则应先转过预校正位置的标记，再重新回到这个标记，才可以消除传动方向间隙。

2）校正过程始终在同样温度条件下进行，避免热膨胀而引起误差。

【技能操作】

1）将机器人移到预零点标定位置，如图 3-21 所示。

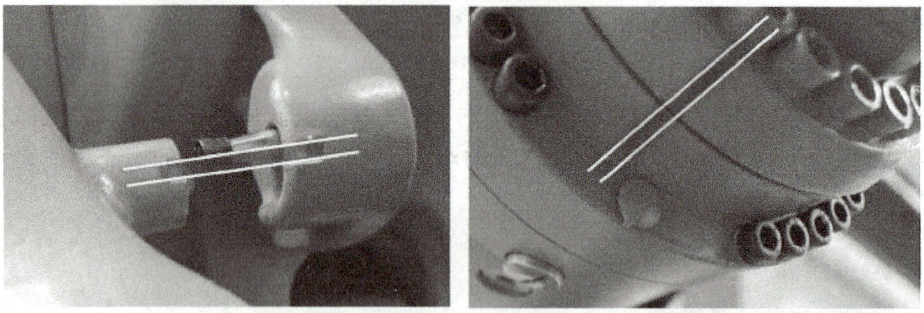

图 3-21 对正预零点标定位置

2）在主菜单中依次选择“投入运行”→“调整”→“EMD”→“带负载校正”→“首次调整”，自动打开一个窗口，所有待零点标定的轴都显示出来，其中编号最小的轴已被选定。

3）从窗口中选定的轴上取下测量筒的防护盖，翻转过来的 EMD 可用作螺钉旋具，将 EMD 拧到测量筒上，如图 3-22 所示。

4）将测量导线连接到 EMD 上，并连接到机器人接线盒的 X32 接口上，如图 3-23 和图 3-24 所示。

注意：将不带测量导线的 EMD 拧到测量筒上，然后方可将测量导线连接到 EMD 上，否则会损坏测量导线。同样，在拆除 EMD 时，也必须先拆下 EMD 的测量导线，然后才将 EMD 从测量筒上拆下。在调整之后，将测量导线从 X32 接口上取下，否则会出现干扰信号或导致损坏。

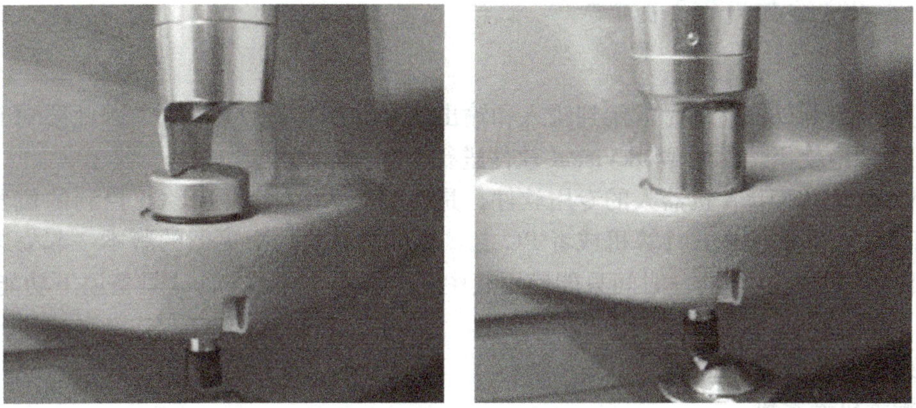

图 3-22　在所选轴上安装 EMD

图 3-23　将测量导线连接到 EMD 上

图 3-24　连接机器人接线盒的 X32 接口

5）单击“首次调整”。

6）将确认开关按至中间挡位并按住，然后按住启动键，如图 3-25 和图 3-26 所示。如果 EMD 通过测量刻槽的最深点，则已到达零点标定位置，机器人自动停止运行，数值被保存，该轴在窗口中消失。

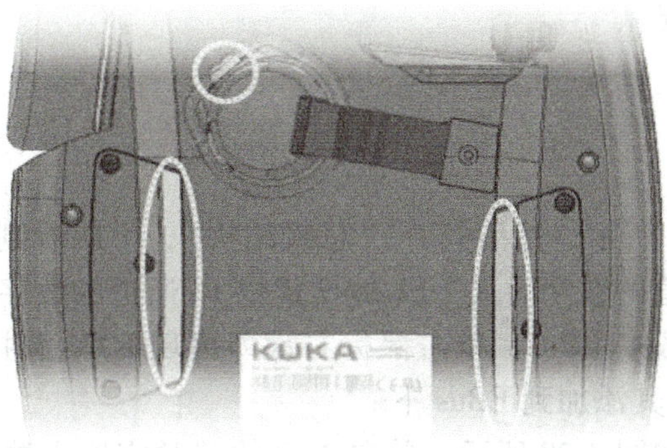

图 3-25　将确认开关按至中间挡位并按住

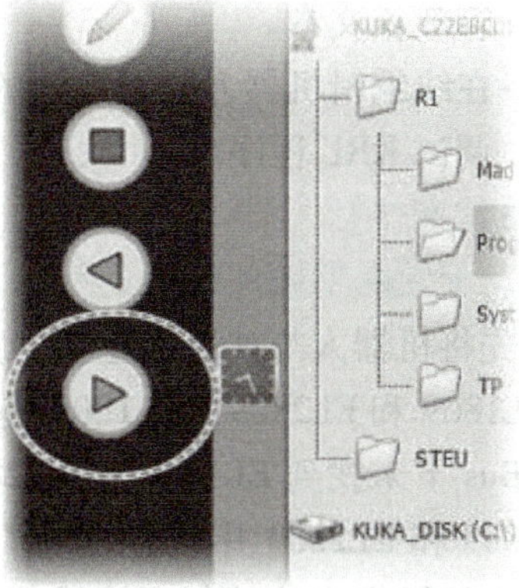

图 3-26　按住启动键

3.1.7 机器人I/O信号及设定方法

【相关知识】

工业机器人与外部通信时常用到输入和输出信号（简称I/O信号），因此要对其进行设定，以便更好地使用。常用WorkVisual软件进行I/O信号的设定。

WorkVisual是KUKA机器人的专用软件，是控制柜KR C4和KR C5控制的机器人单元的工程环境，安装在便携式计算机或者PC上。也可同时与一个更低的版本一起安装在便携式计算机或者PC上，但同一时间只能使用其中一个版本。WorkVisual具备以下功能：

一、项目配置

1）架构并连接现场总线。

2）配置机器参数。

3）编辑安全配置。

4）在线定义机器人工作单元。

5）编辑工具坐标系和基坐标系。

6）从机器人控制系统载入项目。

7）将项目传送给机器人控制系统。

8）将项目与其他项目进行比较，如果需要则应用差值。

9）合并项目、检测项目。

10）离线配置RoboTeam。

二、软件包管理

1）管理备选软件包。

2）创建、管理并通过网络分配更新包。

三、诊断

1）在线显示机器人控制系统的系统信息。

2）配置测量记录、启动测量记录、分析测量记录（用示波器）。

四、编程

1）机器人离线编程。

2）创建和编辑KRL程序。

3）管理长文本。

4）在线编辑机器人控制系统的文件系统。

5）调试KRL程序。

【技能操作】

一、配置数字输入信号

首先将机器人与计算机连接，如图3-27所示，然后打开“总线结构”，可以看到EBus下有EL1809和EL2809，EL1809提供16通道的数字输入，EL2809提供16通道的数字输出。如果EBus下未找到EL1809和EL2809，则选中EBus，单击鼠标右键即出现DTM选择，找到EL1809和EL2809并单击“OK”，即可将其添加到EBus下。

单击按键栏中的“打开接线编辑器”，如图3-28所示，单击A区的“数字输入端”，再单击B区的EL1809，就会出现C区（断开）和D区（连接），在D区内如有箭头为灰色

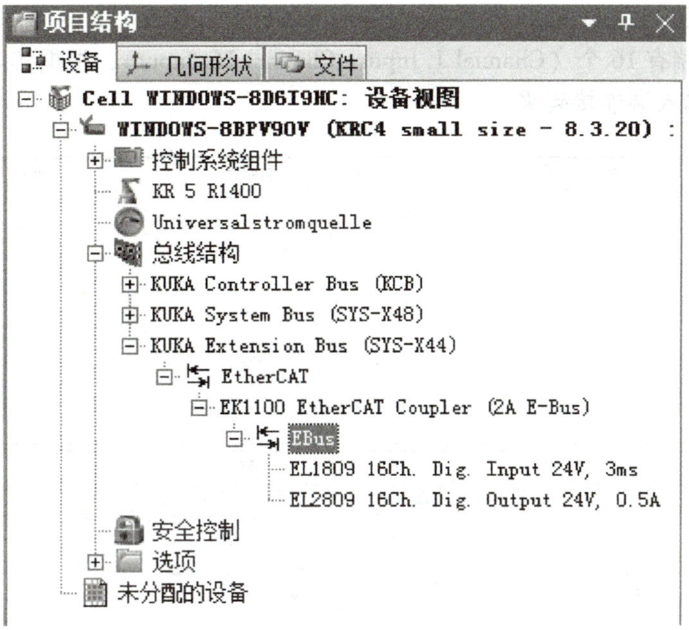

图 3-27　DTM 选择

的，就表示本组信号没有连接，需选中本组信号单击鼠标右键，然后单击“连接”，成功连接后就会显示在 C 区。

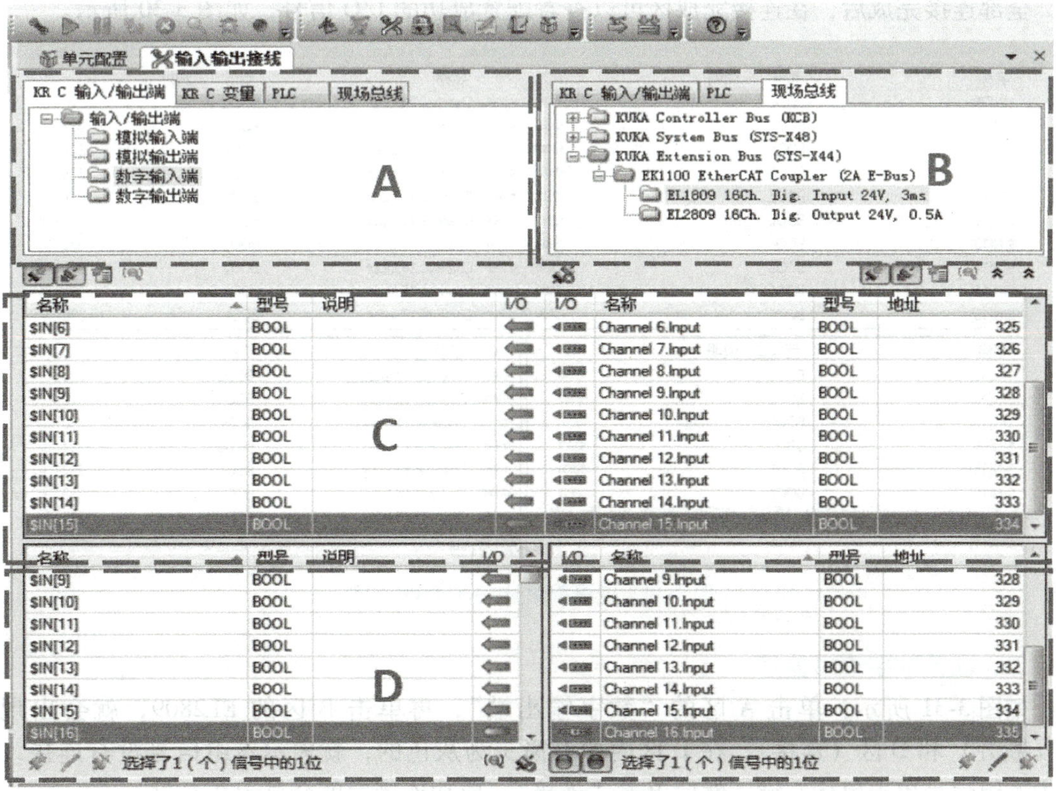

图 3-28　接线编辑

如图 3-29 所示，左端 KRC 数字输入端有 4096 个（$IN［1］~$IN［4096］），右端 EL1809 数字输入端有 16 个（Channel 1. Input~Channel 16. Input），根据实际要求，单击鼠标右键，将对应的输入端连接起来。

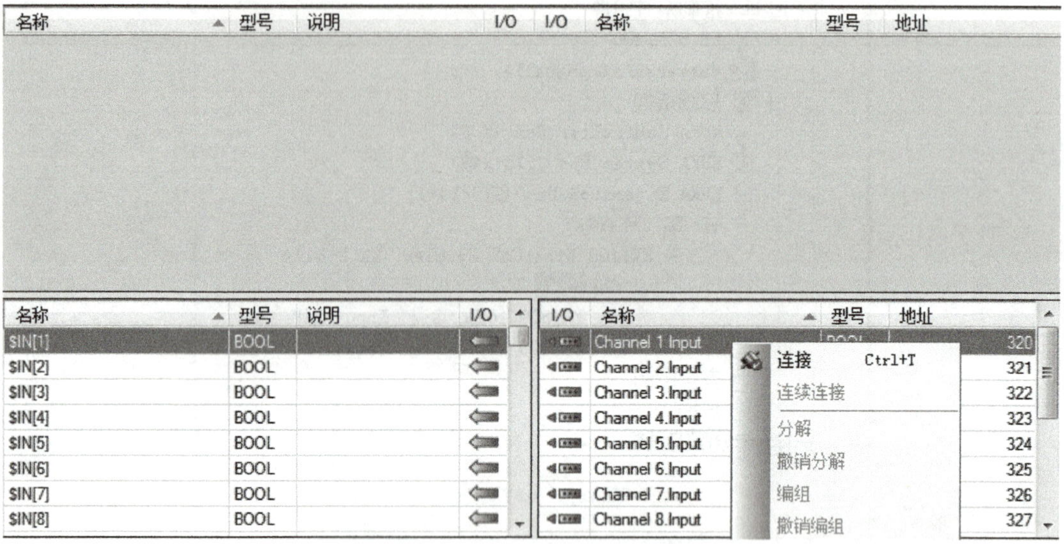

图 3-29　将对应的输入端连接起来

全部连接完成后，在连接完成区可以查看配置成功的 I/O 信号，如图 3-30 所示。

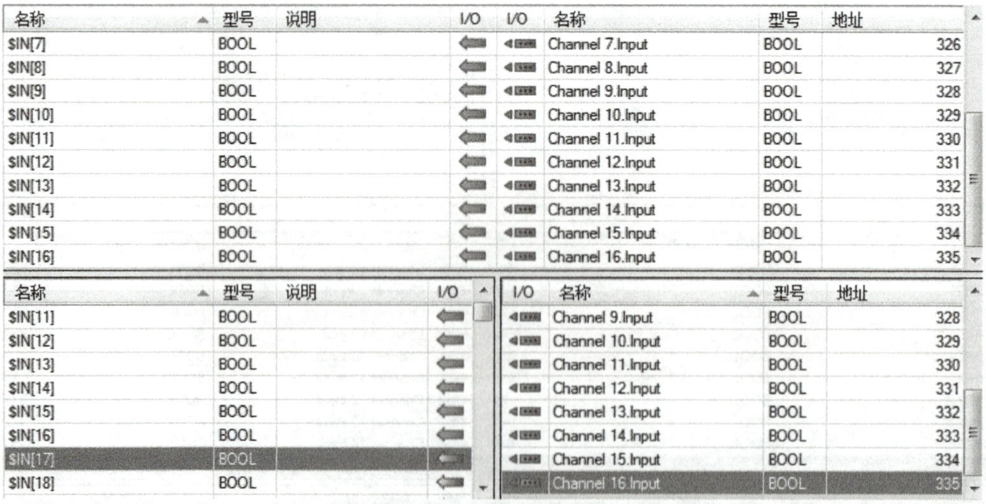

图 3-30　查看配置成功的 I/O 信号

二、配置数字输出信号

如图 3-31 所示，单击 A 区的“数字输出端”，再单击 B 区的 EL2809，就会出现 C 区（断开）和 D 区（连接），在 D 区内如有箭头为灰色的，就表示本组信号没有连接，需选中本组信号单击鼠标右键，然后单击“连接”，成功连接后就会显示在 C 区。

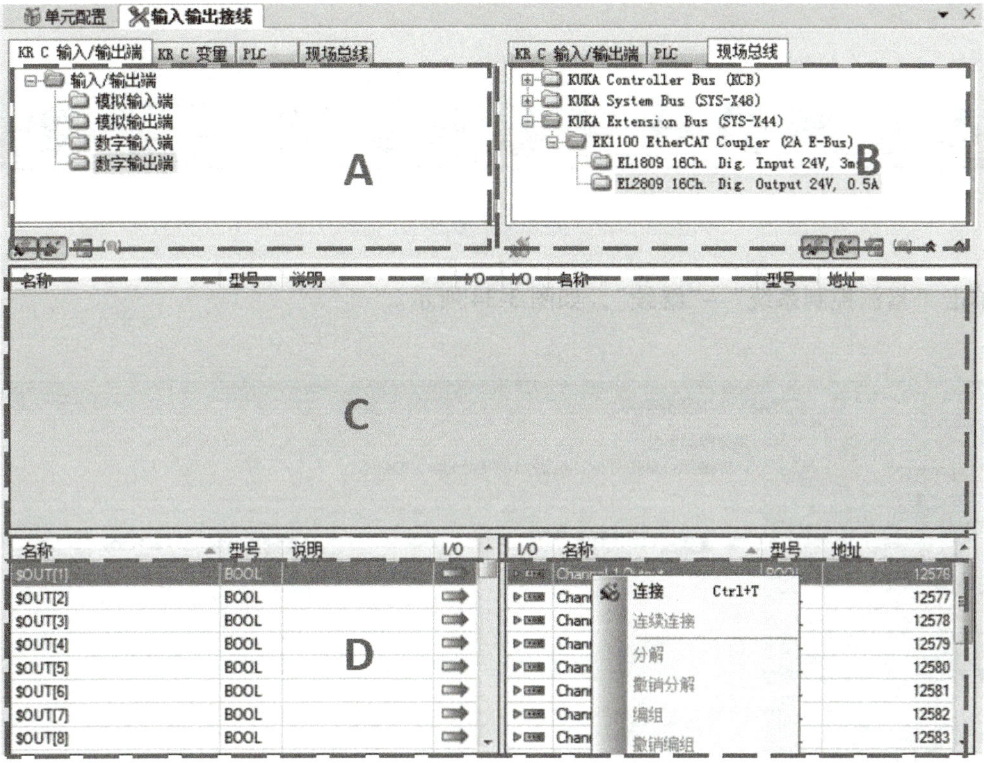

图 3-31　配置数字输出信号

如图 3-32 所示，左端 KRC 数字输出端有 4096 个（$OUT［1］~ $OUT［4096］），右端 EL2809 数字输出端有 16 个（Channel 1. Output ~ Channel 16. Output），根据实际要求，单击鼠标右键，将对应的输出端连接起来。

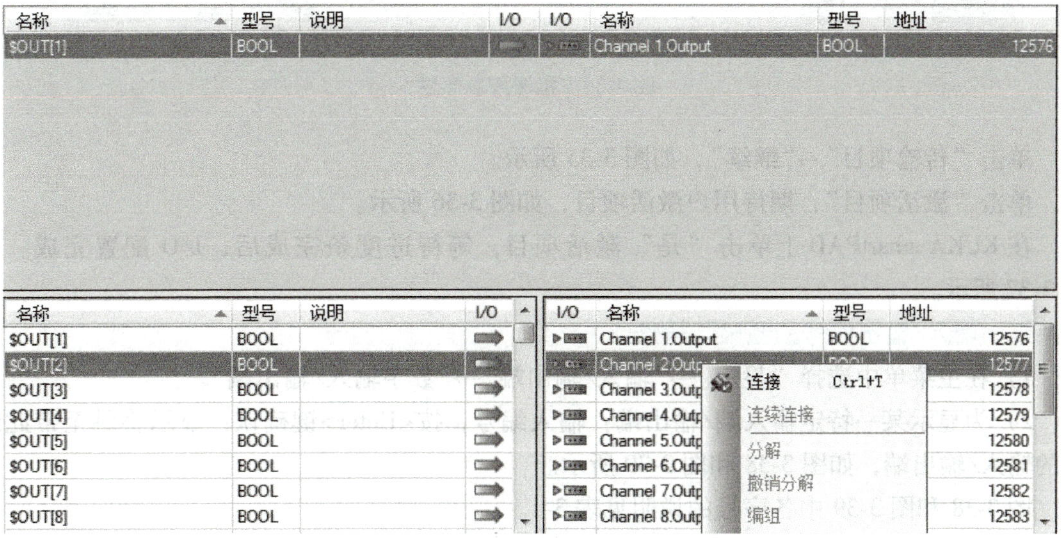

图 3-32　将对应的输出端连接起来

输入输出都配置成功后，单击按键栏上的“安装...”，如图3-33所示。

图3-33 安装

单击“指派控制系统”→“继续”，如图3-34所示。

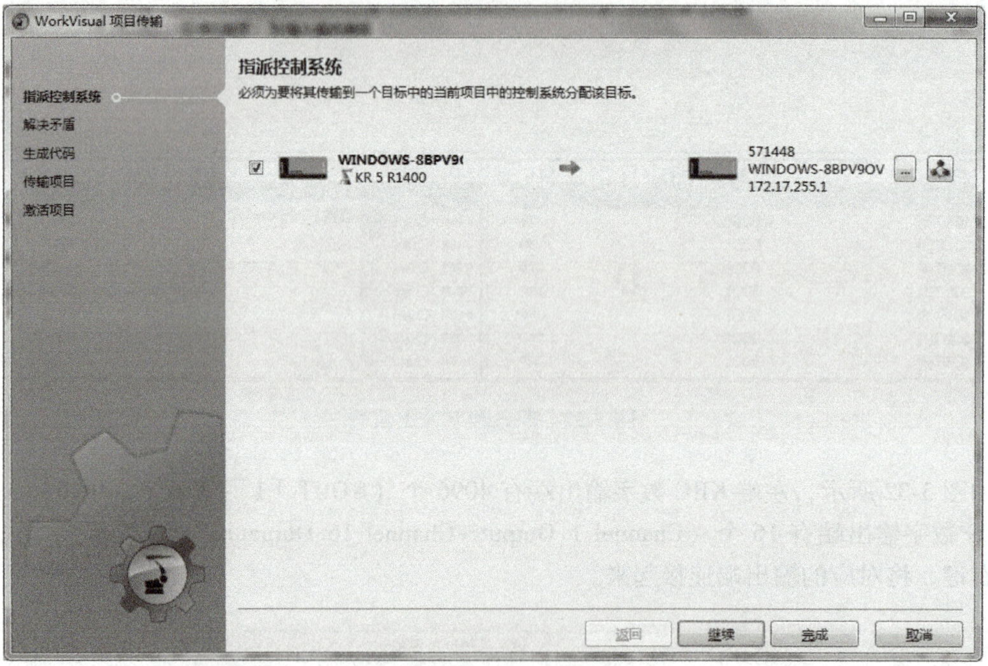

图3-34 指派控制系统

单击“传输项目”→“继续”，如图3-35所示。

单击“激活项目”，期待用户激活项目，如图3-36所示。

在KUKA smartPAD上单击“是”激活项目，等待进度条完成后，I/O配置完成。如图3-37所示。

三、输入/输出信号的监控与操作

1）在主菜单中选择“显示”→“输入/输出端”→“数字输入/输出端”。

2）为显示某一特定输入端/输出端：输入编号，按<Enter>键确认；显示将跳至带此编号的输入/输出端，如图3-38和图3-39所示。

图3-38和图3-39中各序号的说明见表3-1。

图3-38和图3-39中各按键的说明见表3-2。

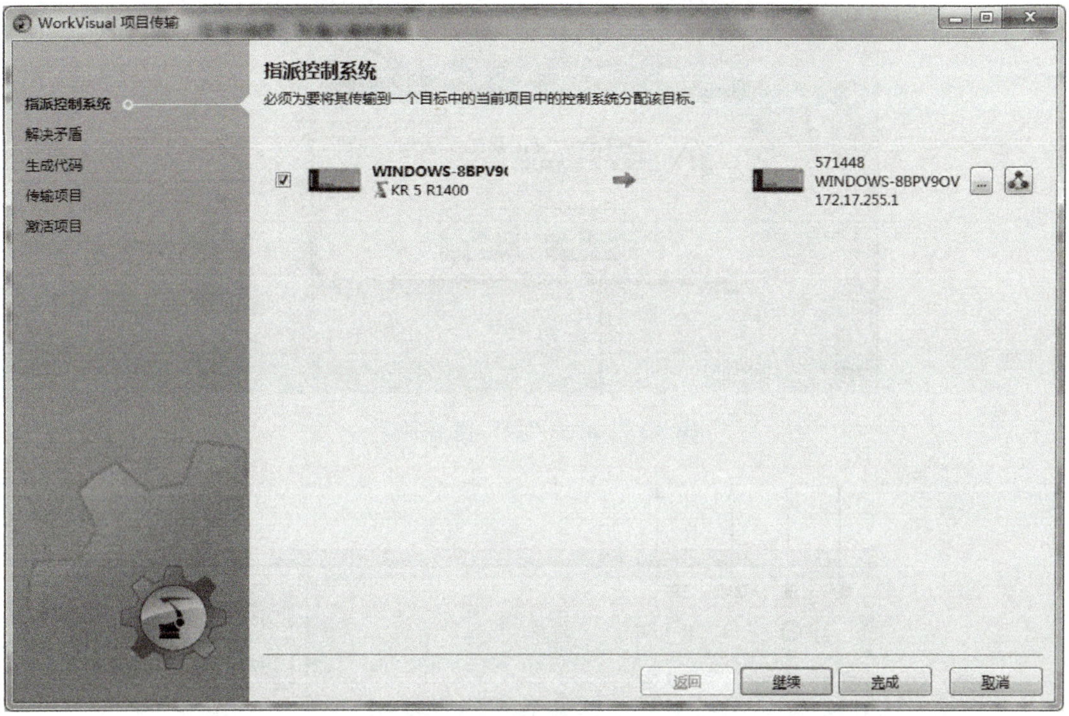

图 3-35　传输项目

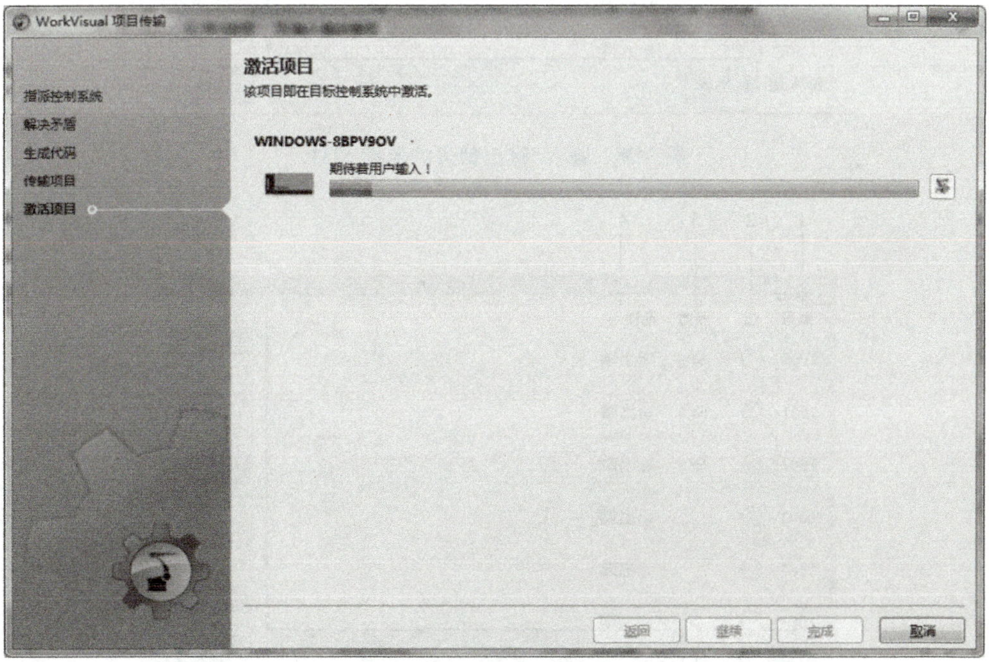

图 3-36　期待用户激活项目

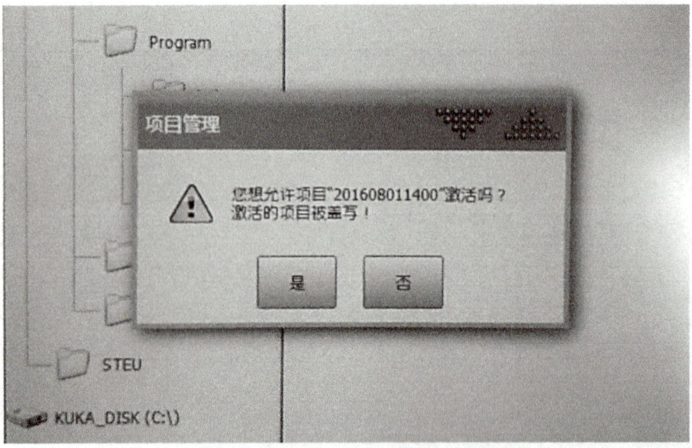

图 3-37　单击“是”激活项目

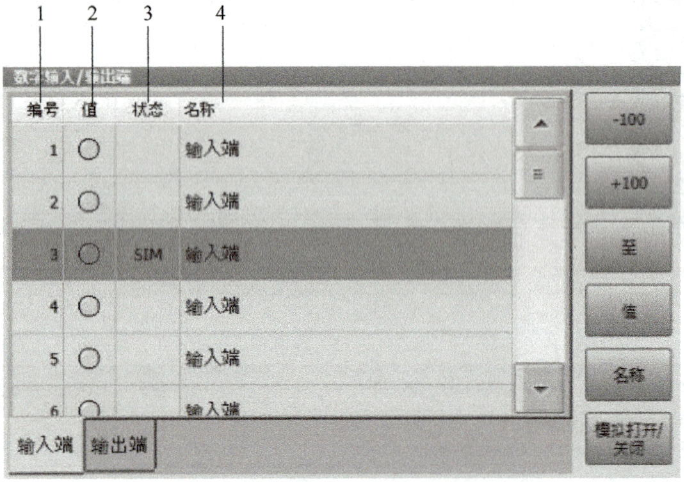

图 3-38　输入/输出信号的监控 SIM

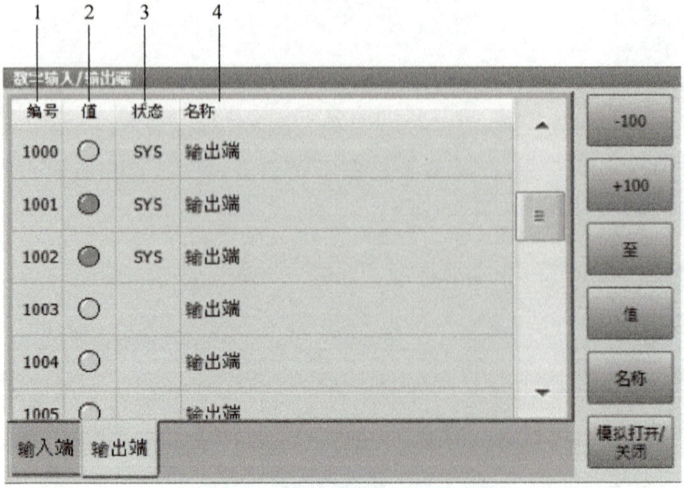

图 3-39　输入/输出信号的监控 SYS

表 3-1　图 3-38 和图 3-39 中各序号的说明

序号	说　明
1	输入/输出端编号
2	输入/输出端数值。如果一个输入或输出端为 TRUE，则被标记为绿色
3	SIM 输入：已模拟输入/输出端 SYS 输入：输入/输出端的值存储在系统变量中，此输入/输出端已写保护
4	输入/输出端名称

表 3-2　图 3-38 和图 3-39 中各按键的说明

按键	说　明
-100	在显示中切换到之前的 100 个输入或输出端
+100	在显示中切换到之后的 100 个输入或输出端
至	可输入需搜索的输入或输出端编号
值	将选中的输出端在 TRUE 和 FALSE 之间转换。前提条件：确认开关已按下 在 EXT（外部自动运行）方式下无此按键可用，且在模拟接通时才能用于输入端
名称	选中的输入/输出端名称可更改

3.2　示教编程与调试

3.2.1　机器人常用指令

【相关知识】

工业机器人常用指令有运动指令和逻辑编程指令等。

一、运动指令

添加运动指令，联机表单中各参数如图 3-40 所示。

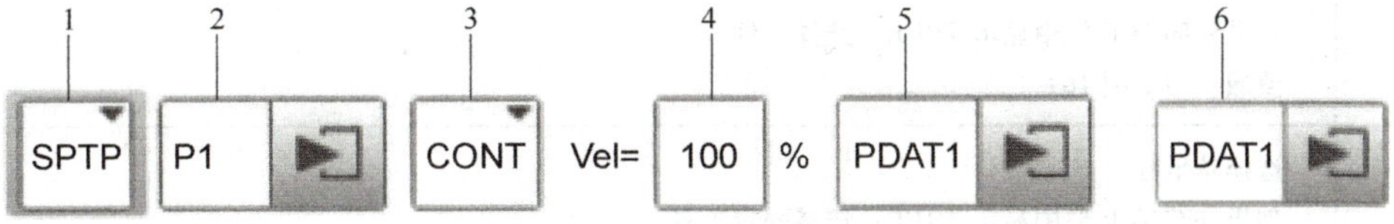

图 3-40　联机表单中各参数

图 3-40 中各参数的含义见表 3-3。

表 3-3　图 3-40 中各参数的含义

序号	说　明
1	运动方式 PTP：可修改为 LINE 直线运动和 CIRC 圆周运动
2	目标点的名称：系统自动赋予名称，名称可以被改写。需要编辑点数据时触摸箭头，相关选项即可自动打开

（续）

序号	说　明
3	CONT：目标点被轨迹逼近；[空白]：将精确地移至目标点
4	速度：PTP 时，速度为 1%～100%；LIN 时，速度为 0.001～2m/s
5	运动数据组名称：系统自动赋予名称，名称可以被改写。需要编辑点数据时触摸箭头，相关选项即可自动打开
6	通过切换参数可显示和隐藏该栏目；含逻辑参数的数据组名称，系统自动赋予一个名称，名称可以被改写，需要编辑点数据时触摸箭头，相关选项即可自动打开

选择坐标系如图 3-41 所示。

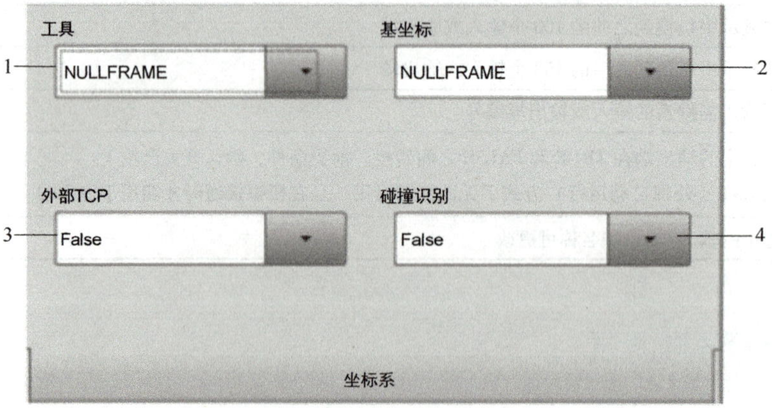

图 3-41　选择坐标系

图 3-41 中各参数含义见表 3-4。

表 3-4　图 3-41 中各参数含义

序号	说　明
1	选择工具 如果外部 TCP 栏中显示 TRUE：选择工件 值域：[1]…[16]
2	选择基坐标 如果外部 TCP 栏中显示 TRUE：选择固定工具 值域：[1]…[32]
3	外部 TCP False：该工具已安装在连接法兰处 True：该工具为一个固定工具
4	碰撞识别 True：机器人控制系统为此运动计算轴的扭矩，此值用于碰撞识别 False：机器人控制系统不为此运动计算轴的扭矩，因此无法对此运动进行碰撞识别

设置移动参数如图 3-42 所示。

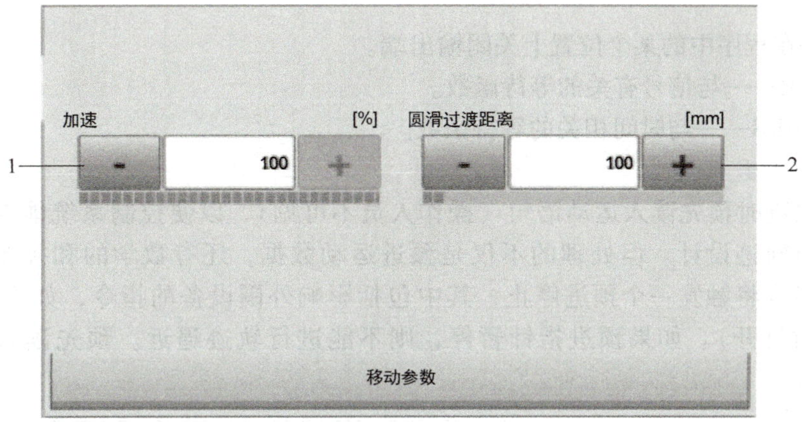

图 3-42　设置移动参数

图 3-42 中各参数含义见表 3-5。

表 3-5　图 3-42 中各参数含义

序号	说　明
1	加速度：1%～100% 以机器数据中给出的最大值为基准。此最大值与机器人类型和所设定的运行方式有关。该加速度适用于该运动语句的主要轴
2	只有在联机表单中选择了 CONT 之后，此栏才显示 与目标点之间的距离，即最早开始轨迹逼近的距离 最大距离：从起点到目标点之间距离的一半，以无轨迹逼近 PTP 运动的运动轨迹为基准 1～1000mm

二、逻辑编程指令

1. 输入输出指令

在对 KUKA 机器人进行逻辑编程时，使用的是表示逻辑指令的输入端和输出端信号，如图 3-43 所示。

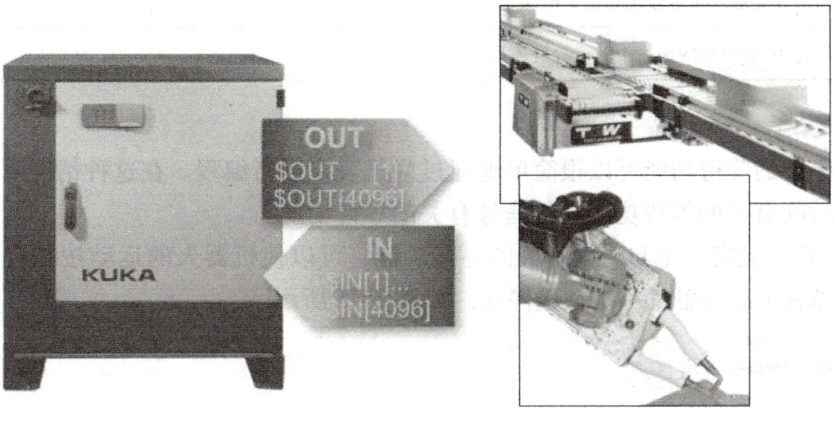

图 3-43　输入输出指令操作

例如：

OUT——在程序中的某个位置上关闭输出端。

WAIT FOR——与信号有关的等待函数。

WAIT TIMER——与时间相关的等待函数。

2. 计算机预进

计算机预进时预先读入运动语句（操作人员不可见），以便控制系统能够在有轨迹逼近指令时进行轨迹设计。但处理的不仅是预进运动数据，还有数学的和控制外围设备的指令。某些指令将触发一个预进停止，其中包括影响外围设备的指令，如 OUT 指令（抓爪关闭，焊钳打开）。如果预进指针暂停，则不能进行轨迹逼近。预先读入运动语句如图 3-44 所示。

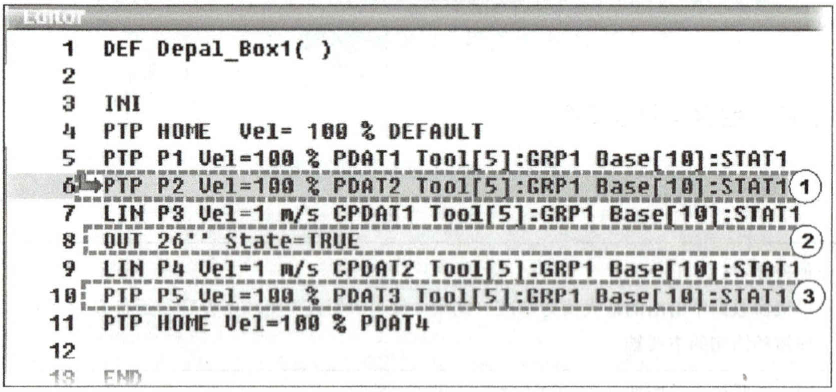

图 3-44 预先读入运动语句

图 3-44 中各语句说明见表 3-6。

表 3-6 图 3-44 中各语句说明

序号	说　明
1	行 6 是主运行指针位置（灰色语句条）
2	行 8 是触发预进停止的指令语句
3	行 10 是可能的预进指针位置（不可见）

3. 等待功能

运动程序中的等待功能可以很简单地通过联机表格进行编程。在这种情况下，等待功能被区分为与时间有关的等待功能和与信号有关的等待功能。

（1）WAIT　设定一个与时间有关的等待功能，可以使机器人的运动按编程设定的时间暂停。但是 WAIT 总是触发一次预进停止。如图 3-45 所示。

图 3-45 等待功能

（2）WAIT FOR　设定一个与信号有关的等待功能，需要时可将多个信号（最多 12 个）按逻辑连接。如果添加了一个逻辑连接，则联机表格中会出现用于附加信号和其他逻辑连接的栏。如图 3-46 所示。

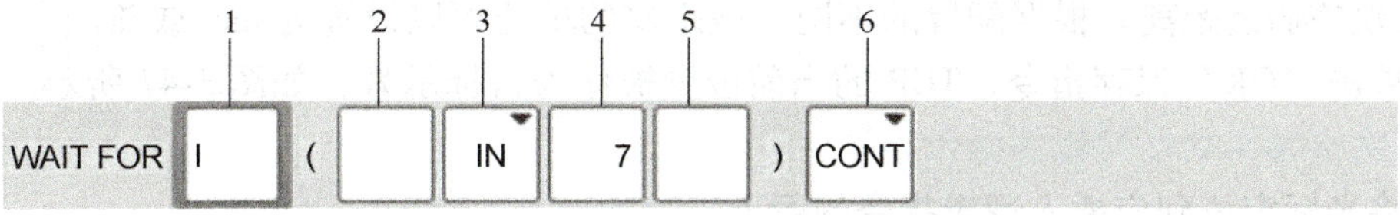

图 3-46　用于附加信号和其他逻辑连接的栏

图 3-46 中各序号的说明见表 3-7。

表 3-7　图 3-46 中各序号的说明

序号	说　明
1	添加外部连接，运算符位于加括号的表达式之前，如 AND、OR、EXOR、是否添加 NOT 等用相应的按键插入所需的运算符
2	添加内部连接，运算符位于加括号的表达式内，如 AND、OR、EXOR、是否添加 NOT 等用相应的按键插入所需的运算符
3	等待的信号，如 IN、OUT、CYCFLAG、TIMER、FLAG
4	信号的编号：1~4096
5	如果信号已有名称，则会显示出来；仅限专家用户组使用：通过单击长文本可输入名称，名称可以自由选择
6	CONT：在预进中被查询，预进时间过后不能识别信号更改；空白：带预进停止的加工

4. 逻辑连接

在应用与信号相关的等待功能时，也会用到逻辑连接。使用逻辑连接时可将不同信号或状态的查询组合起来，如可定义相关性或排除特定的状态。一个具有逻辑运算符的功能始终以一个逻辑值为结果，即最后始终给出“真”（值为 1）或“假”（值为 0）。

逻辑连接的运算符包括以下几种：

NOT：该运算符用于否定，即使值逆反（由“真”变为“假”）。

AND：当连接的两个表达式为真时，该表达式的结果为真。

OR：当连接的两个表达式中至少一个为真时，该表达式的结果为真。

EXOR：当由该运算符连接的表达式有不同的逻辑值时，该表达式的结果为真。

【技能操作】

一、创建 PTP 运动的操作步骤

1）创建 PTP 运动的前提条件是机器人的运行方式已经设置为 T1，并且已经选定机器人程序。

2）操作机器人将 TCP 移向应被设为目标点的位置。

3）将光标放置在其后应添加运动指令的那一行程序中。

4）单击菜单序列“指令”→“运动”→“PTP”，作为选项，也可以在相应行中按下软键运动，选完运动指令后，出现 PTP 指令的联机表单。

5）在移动参数选项窗口中，将加速度从最大值调下来。如果已经激活轨迹逼近，此时也要更改轨迹逼近距离。根据配置的不同，该距离的单位可以设置为 mm 或%。

6）单击“OK”保存指令，TCP 的当前位置被作为目标示教，如图 3-47 所示。

二、进行等待功能编程的操作步骤

1）将光标定位到应插入逻辑指令的行上。

2）单击菜单序列“指令”→“逻辑”→“WAIT FOR”或“WAIT”。

3）在联机表格中设置参数。

4）单击“OK”保存设置。

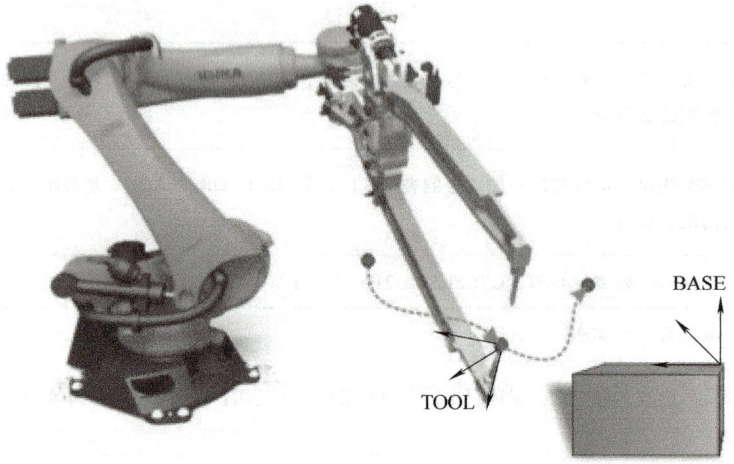

图 3-47 创建 PTP 运动的操作

3.2.2 机器人程序点的示教与轨迹编程

【相关知识】

一、机器人的运动方式

机器人按程序控制下的运动要求编制运动指令，有不同的运动方式供运动指令的编辑使用，通过制定运动方式和运动指令，机器人才会知道如何进行运动。机器人的运动方式有以下几种：

1）按轴坐标的运动（PTP：Point-to-Point，即点到点）。

2）沿轨迹的运动：LIN 直线运动和 CIRC 圆周运动。

3）样条运动：SPL 运动。

1. 点到点运动

PTP 运动是机器人沿最快的轨迹将 TCP 从起始点引至目标点，这个移动路线不一定是直线，因为机器人轴进行回转运动，所以曲线轨迹比直线轨迹运动更快。此轨迹无法精确预知，所以在调试及试运行时，应该在阻挡物体附近降低速度以测试机器人的移动特性。点到点运动如图 3-48 所示。

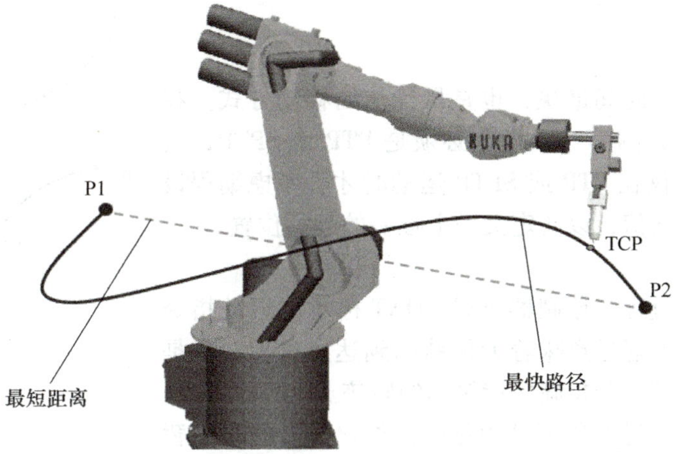

图 3-48　点到点运动

2. 直线运动

直线运动是机器人沿一条直线以定义的速度将 TCP 引至目标点。在直线运动过程中，机器人转轴之间进行配合，使工具或工件参照点沿着一条通往目标点的直线移动，在这个过程中，工具本身的取向按照程序设定的取向变化。如图 3-49 所示。

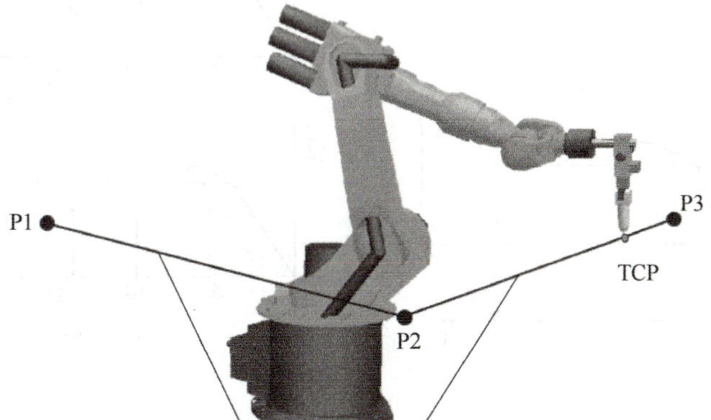

图 3-49　直线运动

3. 圆周运动

圆周运动是机器人沿圆形轨迹以定义的速度将 TCP 移动至目标点。圆形轨迹是由起始点、辅助点和目标点定义的，起始点是上一条运动指令以精确定位方式抵达的目标点，辅助点是圆周所经历的中间点。在机器人移动过程中，工具尖端取向的变化顺应于持续的移动轨迹。

4. 样条运动

样条运动是一种尤其适用于复杂曲线轨迹的运动方式，这种轨迹原则上也可以通过 LIN 直线运动和 CIRC 圆周运动生成，但样条运动更具优势。如图 3-50 所示。

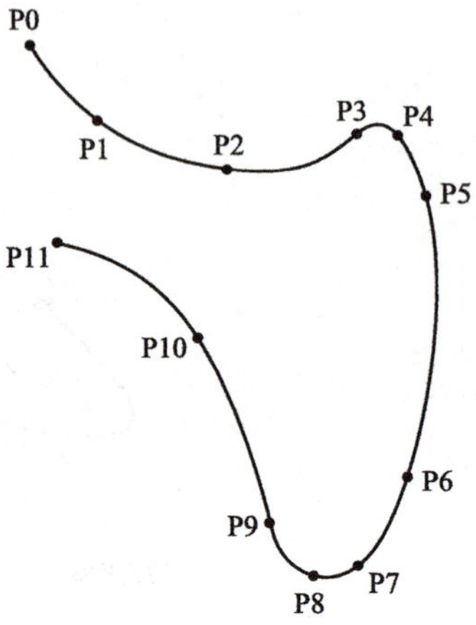

图 3-50　样条运动

二、创建以优化节拍时间的运动（轴运动）

1. PTP 运动

PTP 运动方式是时间最快，也是最优化的移动方式。在 KRL 程序中，机器人的第一个指令必须是 PTP 或 SPTP，因为机器人控制系统仅在 PTP 或 SPTP 运动时才会考虑编程设置的状态和转角方向值，以便定义一个唯一的起始位置。

2. 轨迹逼近

为了加速运动过程，控制器可以 CONT 标示的运动指令进行轨迹逼近，轨迹逼近意味着无须精确到达点坐标，只是逼近点坐标，事先便离开精确保持轮廓的轨迹。

PTP 运动的轨迹逼近是不可预见的，相比较点的精确暂停，轨迹逼近具有如下优势：

1）由于这些点之间不再需要制动和加速，所以运动系统受到的磨损减少。

2）节拍时间得以优化，程序可以更快地运行。

PTP 运动的轨迹如图 3-51 所示。精确暂停和轨迹逼近的比较如图 3-52 所示。

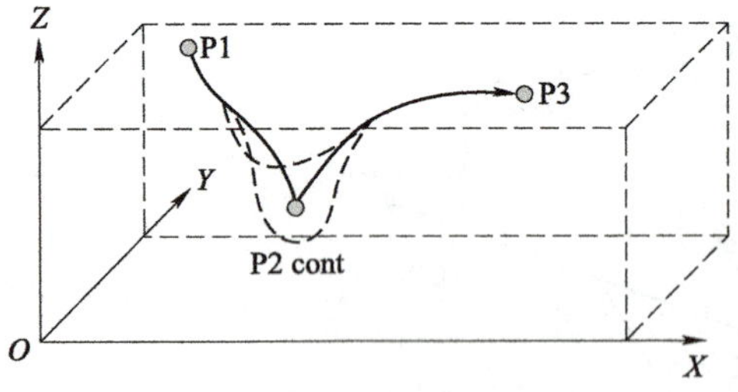

图 3-51　PTP 运动的轨迹

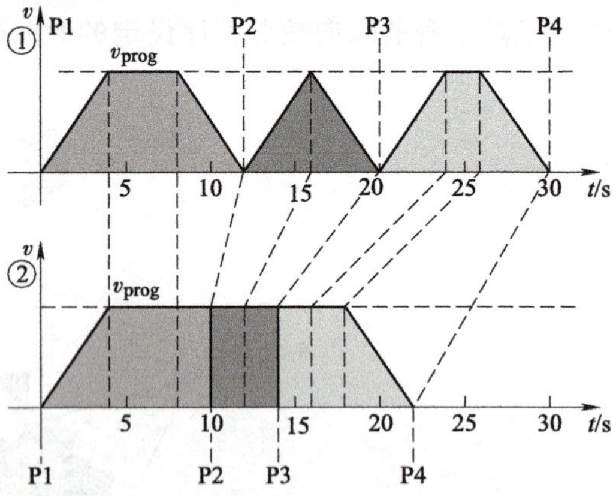

图 3-52　精确暂停和轨迹逼近的比较

①—精确暂停　②—轨迹逼近

【技能操作】——三角形、圆形的轮廓编程

一、操作要求

1）以如图 3-53 所示 3D 工作台区域中三角形和圆形轮廓创建新程序模块。

2）在 3D 工作台上以蓝色显示的坐标系（标号①处）为基坐标系、以尖触头作为工具对轮廓进行编程及运行：移动速度设定为 0.3m/s。

3）在运行方式 T1、T2 和自动运行模式下对程序进行测试。

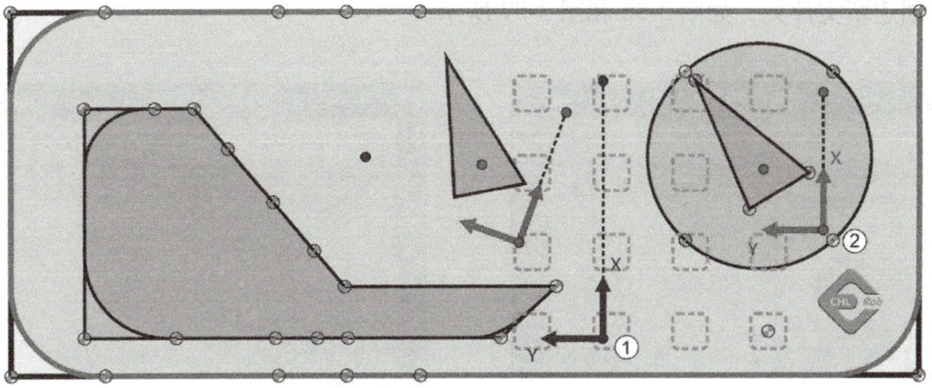

图 3-53 3D 工作台示意图

二、轮廓轨迹规划

1）三角形轮廓轨迹规划如图 3-54 所示。

运动路径：机器人 HOME 点→P1（安全点）→P2（轮廓起始点）→P3→P4→P5（轮廓终点）→P6（安全点）→机器人 HOME 点。

注意：P1 和 P6 点是起始点和终点的安全点。

2）圆形轮廓轨迹规划如图 3-55 所示。

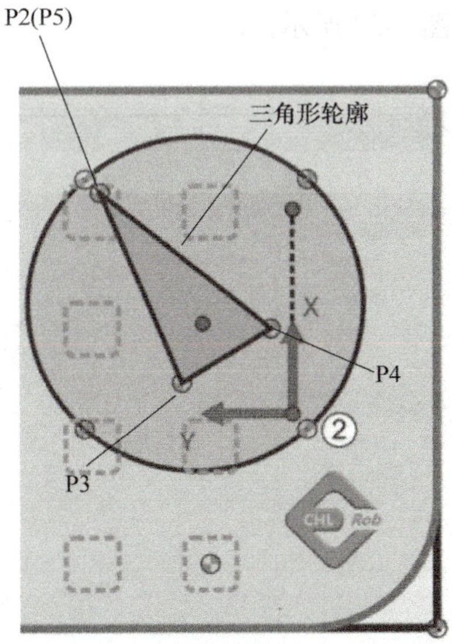

图 3-54 三角形轮廓轨迹规划

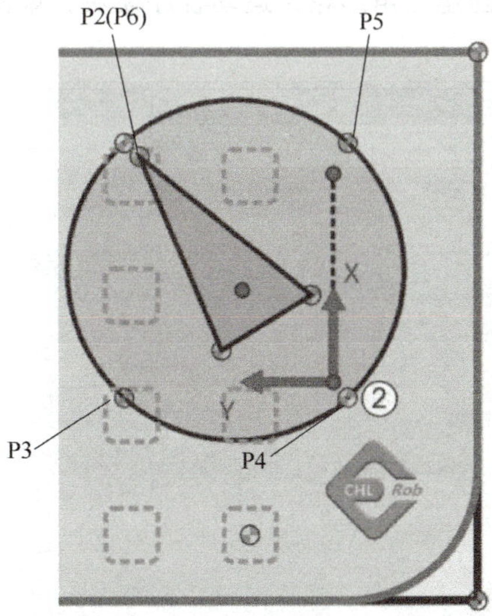

图 3-55 圆形轮廓轨迹规划

运动路径：机器人 HOME 点→P1（安全点）→P2（轮廓起始点）→P3（辅助点）→P4（轮廓中间点）→P5（辅助点）→P6（圆弧终点）→P7（安全点）→机器人 HOME 点。

三、具体步骤

1）创建新文件夹，如图 3-56 和图 3-57 所示。

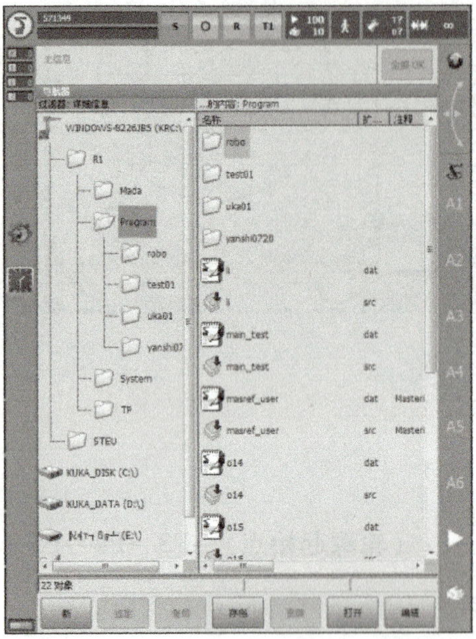

图 3-56 新建文件夹

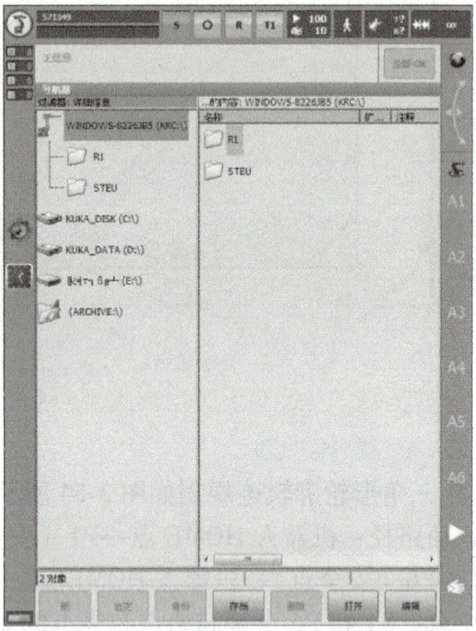

图 3-57 文件夹名称命名为英文字母

2）创建三角形轮廓运动程序模块，如图 3-58 和图 3-59 所示。

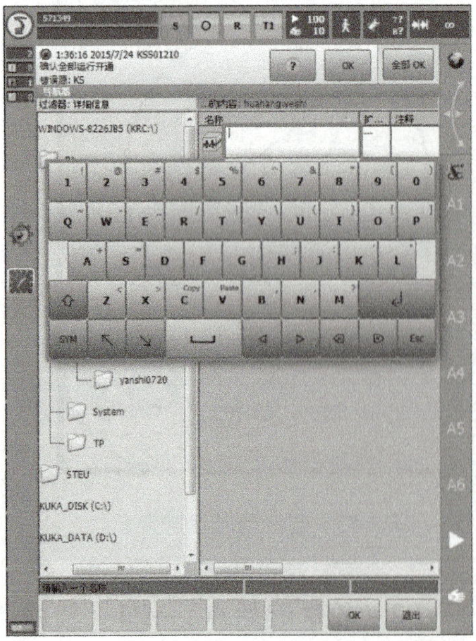

图 3-58 选择 Modul 模块

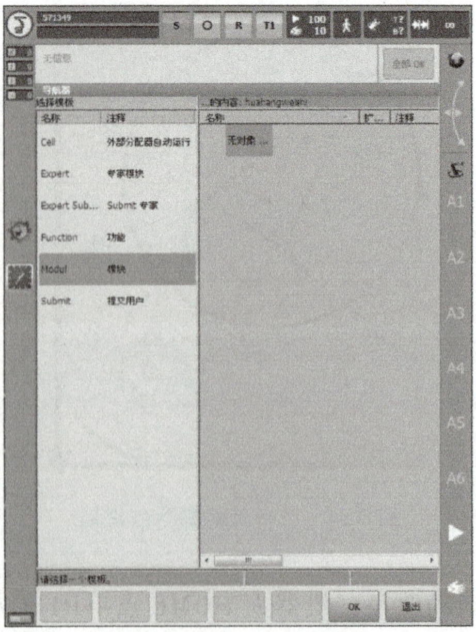

图 3-59 输入模块名称

①进入程序编辑窗口，如图 3-60 和图 3-61 所示。

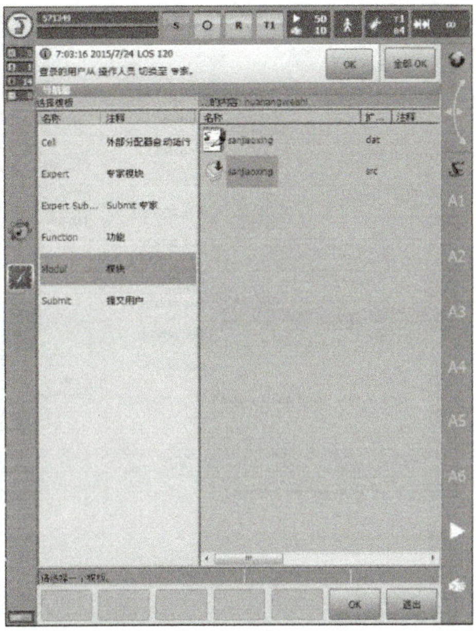

图 3-60　通过“选定”进入需编辑的程序文件

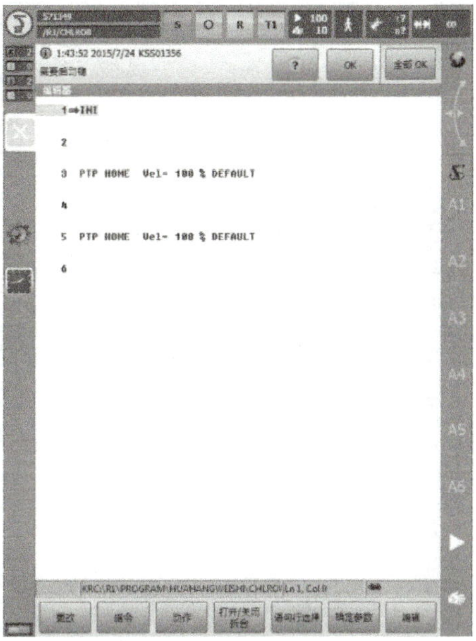

图 3-61　通过“指令”添加运动指令

②添加程序指令，如图 3-62 和图 3-63 所示。

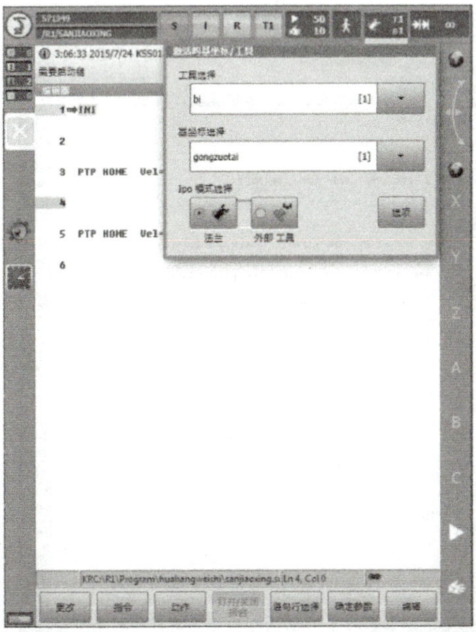

图 3-62　为当前程序选择工具坐标系和基坐标系

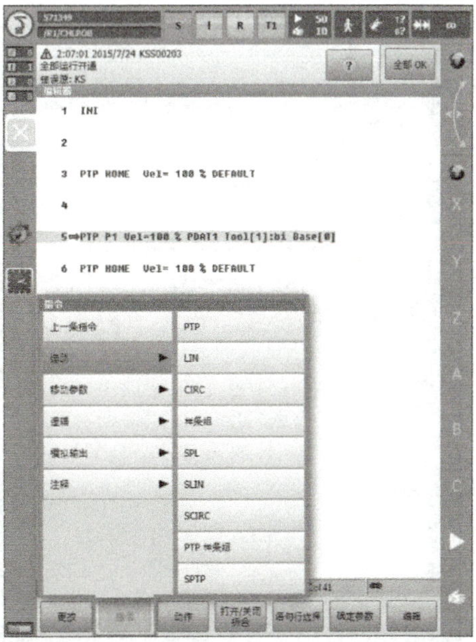

图 3-63　通过“指令”添加 LIN 运动指令

③通过联机表格编辑程序数据，指令运动到安全点 P1，如图 3-64 和图 3-65 所示。

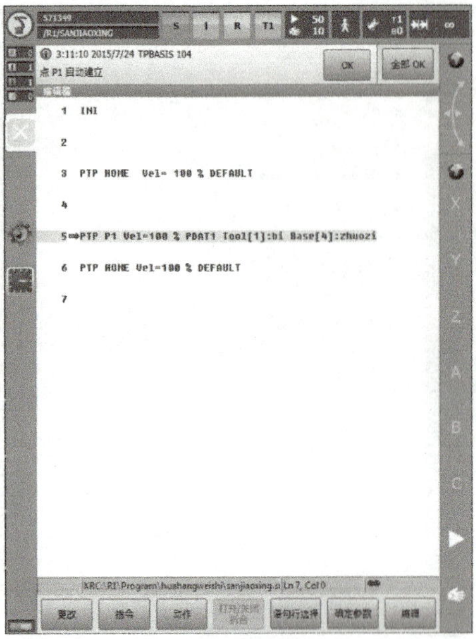

图 3-64　通过联机表格编辑程序数据（1）

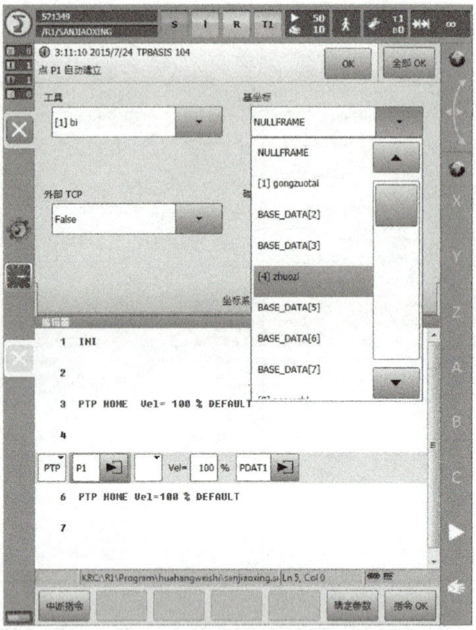

图 3-65　指令运动到安全点 P1

④通过联机表格编辑程序数据，添加指令运动到轮廓起始点 P2，如图 3-66 和图 3-67 所示。

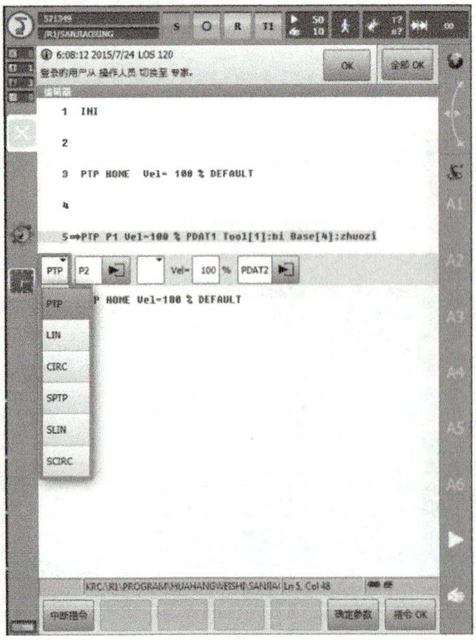

图 3-66　通过联机表格编辑程序数据（2）

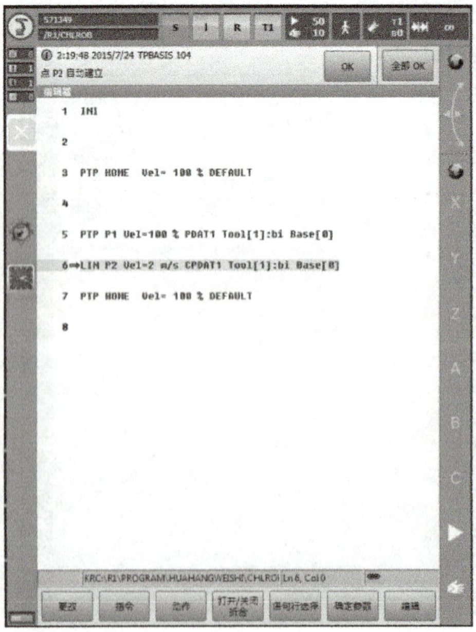

图 3-67　添加指令运动到轮廓起始点 P2

⑤通过联机表格编辑程序数据，添加指令运动到点 P3，如图 3-68 和图 3-69 所示。

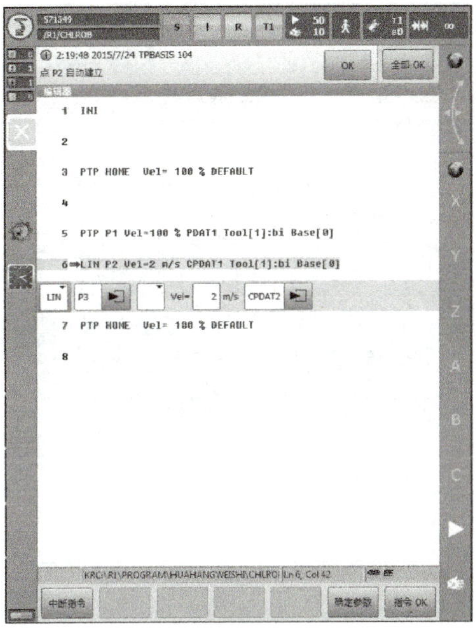

图 3-68　通过联机表格编辑程序数据（3）

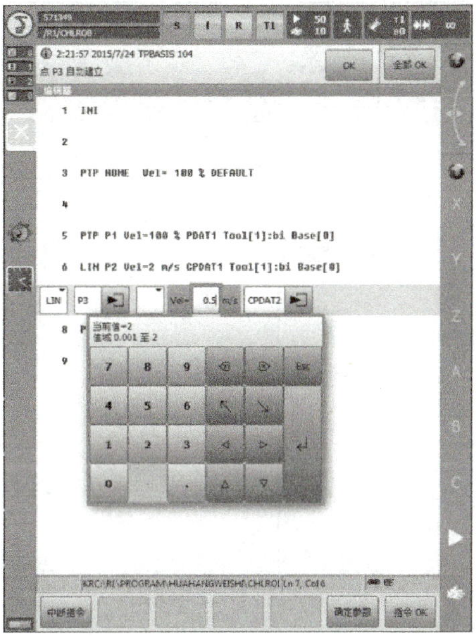

图 3-69　添加指令运动到点 P3

⑥确认指令及三角形轮廓的最终程序，如图 3-70 和图 3-71 所示。

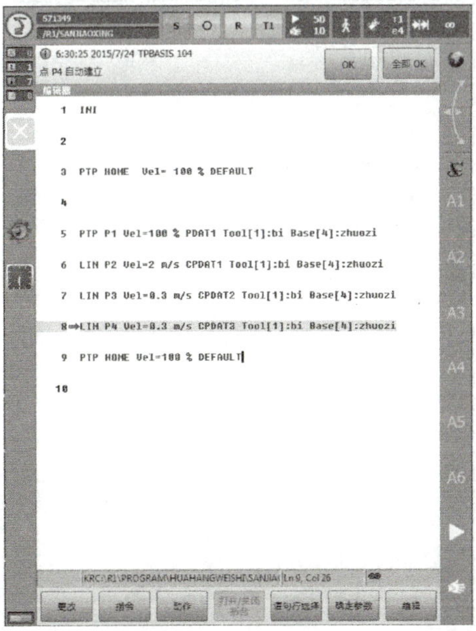

图 3-70　确认指令

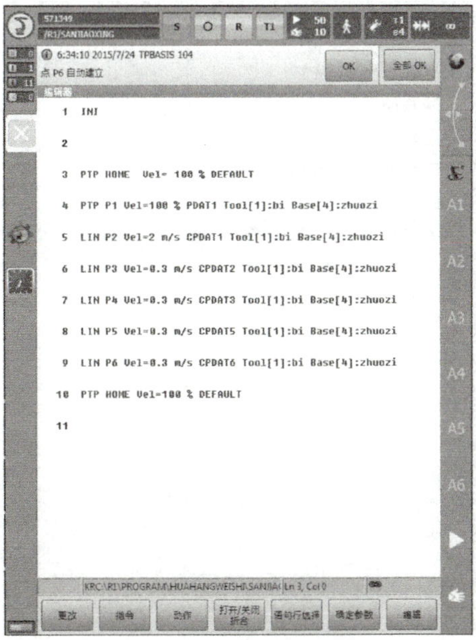

图 3-71　三角形轮廓的最终程序

3）创建圆形轮廓运动程序模块，如图 3-72 和图 3-73 所示。

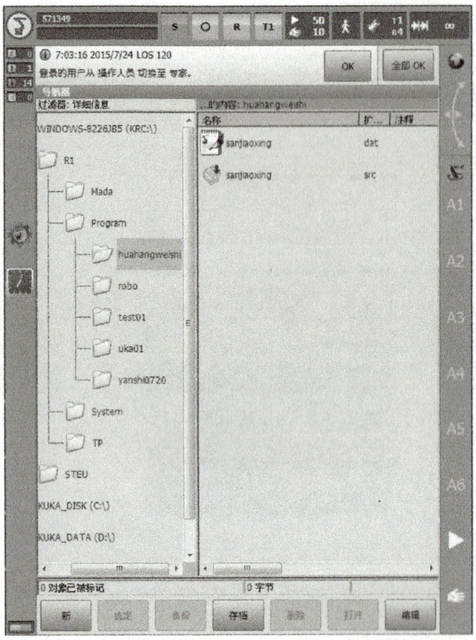

图 3-72　新建 Modul 模块

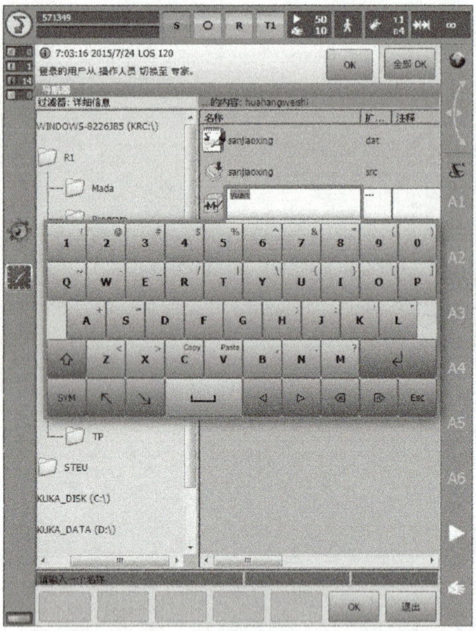

图 3-73　输入模块名称“yuan”

①进入程序编辑器窗口，手动控制机器人运动到安全点 P1，如图 3-74 和图 3-75 所示。

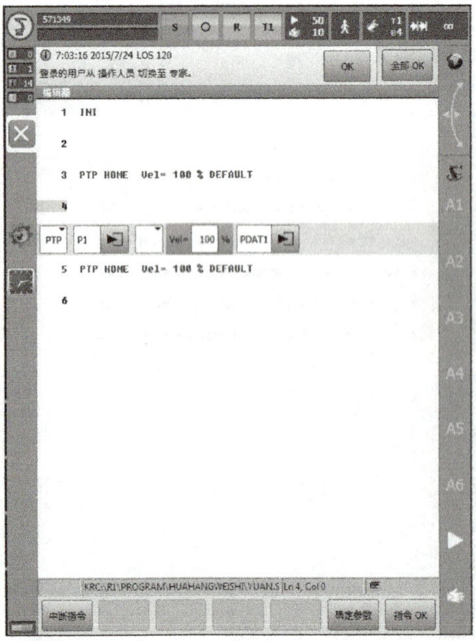

图 3-74　进入程序编辑器窗口

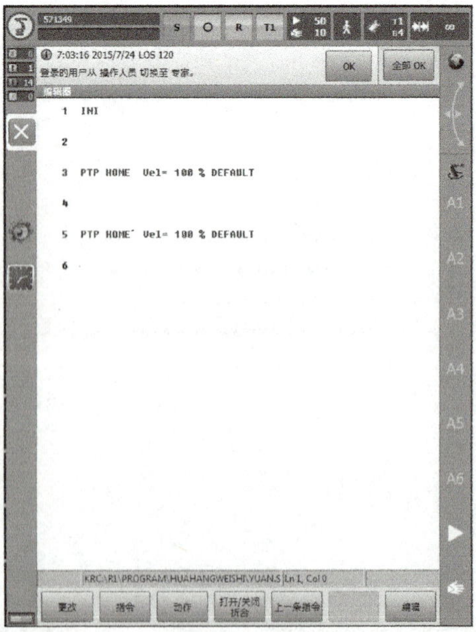

图 3-75　手动控制机器人运动到安全点 P1

②确定参数返回，添加 LIN 指令，如图 3-76 和图 3-77 所示。

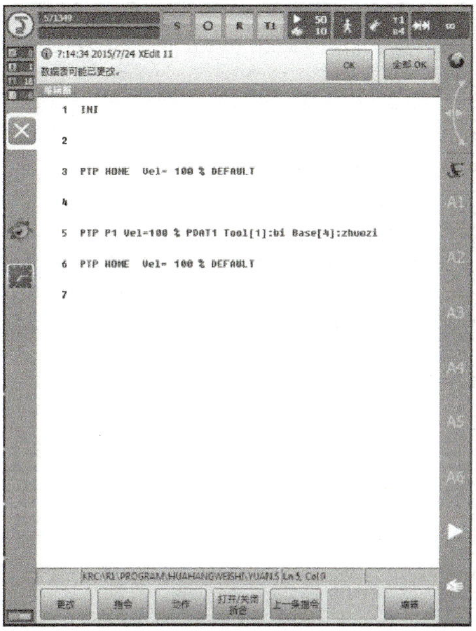

图 3-76　确定参数返回

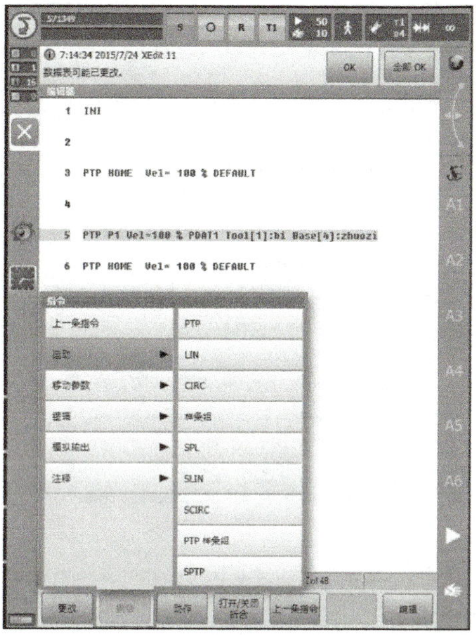

图 3-77　添加 LIN 指令

③修改 LIN 指令参数和 CIRC 指令参数，如图 3-78 和图 3-79 所示。

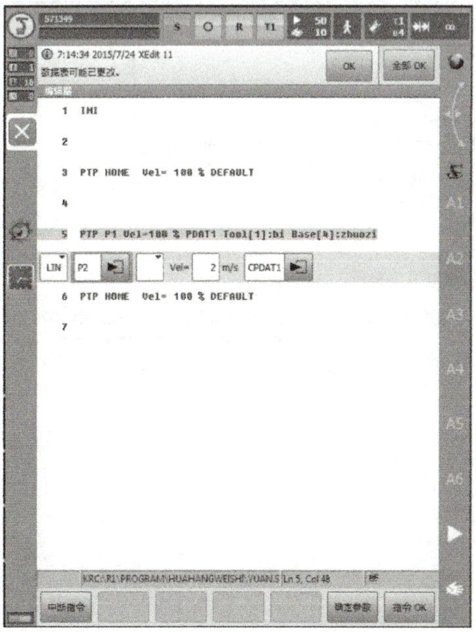

图 3-78　修改 LIN 指令参数

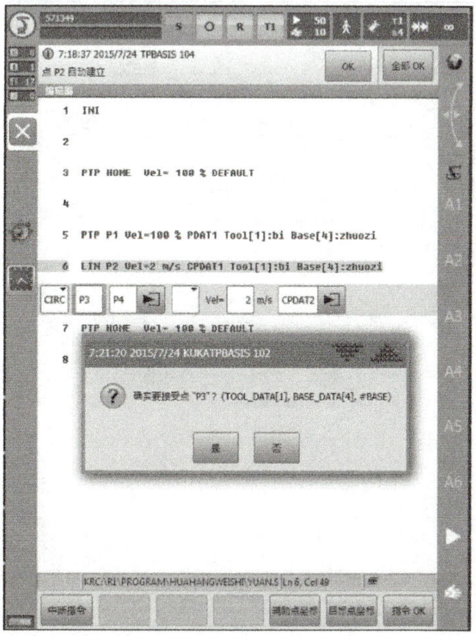

图 3-79　修改 CIRC 指令参数（1）

④修改 CIRC 指令参数，添加 CIRC 指令，如图 3-80 和图 3-81 所示。

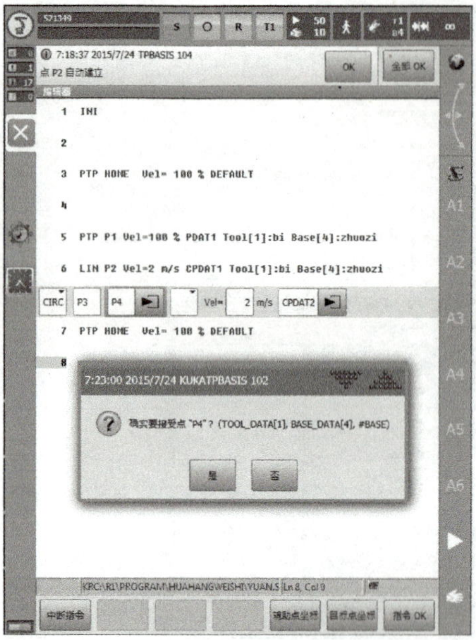

图 3-80　修改 CIRC 指令参数（2）

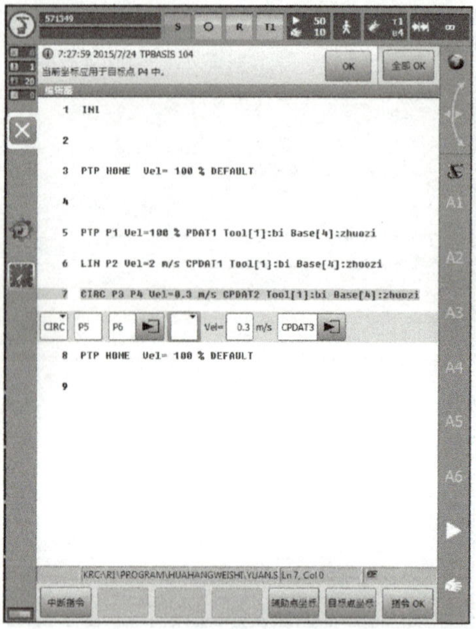

图 3-81　添加 CIRC 指令

⑤修改 CIRC 指令参数，如图 3-82 和图 3-83 所示。

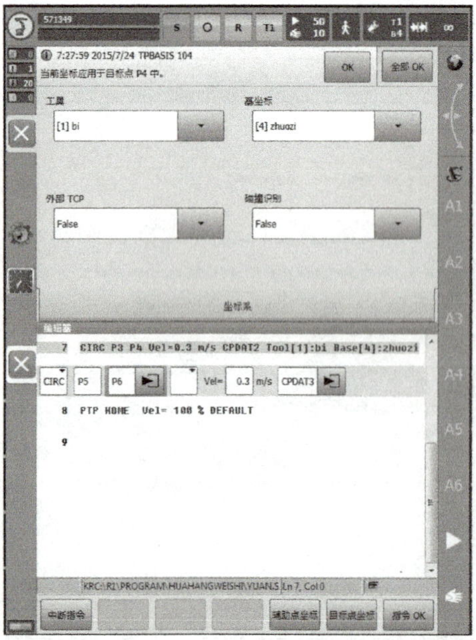

图 3-82　修改 CIRC 指令参数（3）

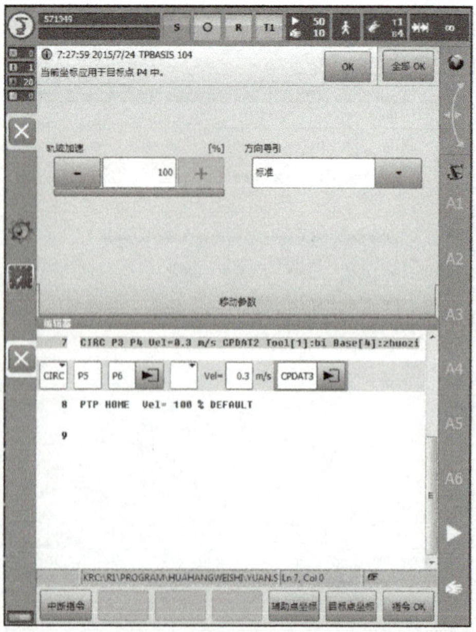

图 3-83　修改 CIRC 指令参数（4）

⑥添加 LIN 指令并修改指令参数如图 3-84 所示，圆形轮廓的最终程序如图 3-84 和图 3-85 所示。

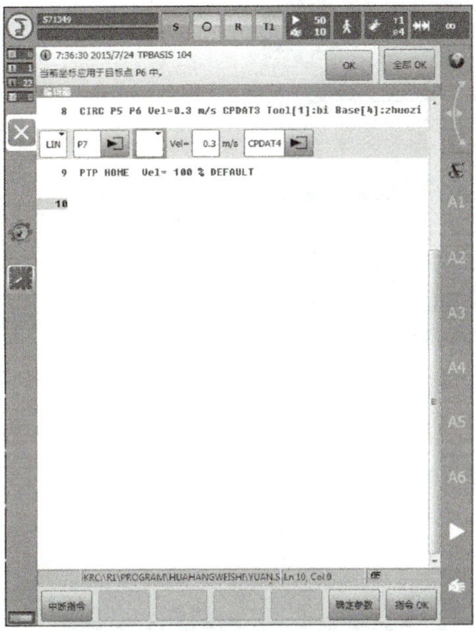

图 3-84　添加 LIN 指令并修改指令参数

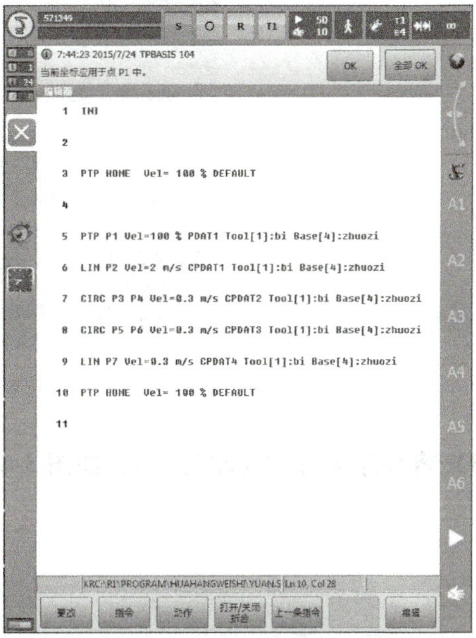

图 3-85　圆形轮廓的最终程序

3.2.3　机器人程序手动运行与自动运行

【相关知识】

一、机器人手动运行的方式

机器人手动运行用于调试工作。调试工作是指所有为使机器人系统可以进行自动运行而必须执行的工作。手动运行分为两种方式：T1 手动慢速运行和 T2 手动快速运行。

二、机器人自动运行的方式

机器人自动运行分为两种方式：AUT 自动运行和 EXT 外部自动运行。

如果在运行过程中改变运行方式，则驱动装置立刻关断，工业机器人以安全停止 2 停机。

【技能操作】

一、手动运行程序操作

1）转动管理器开关，选择 T1 或 T2 模式，如图 3-86 所示。

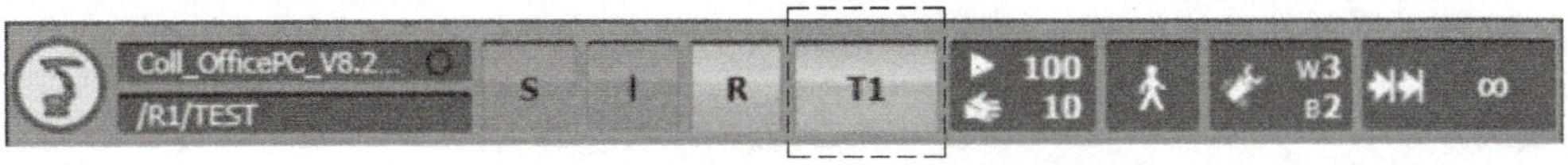

图 3-86　选择 T1 模式

2）选定程序，若已选定，可以单击“R”→“程序复位”，如图 3-87 所示。

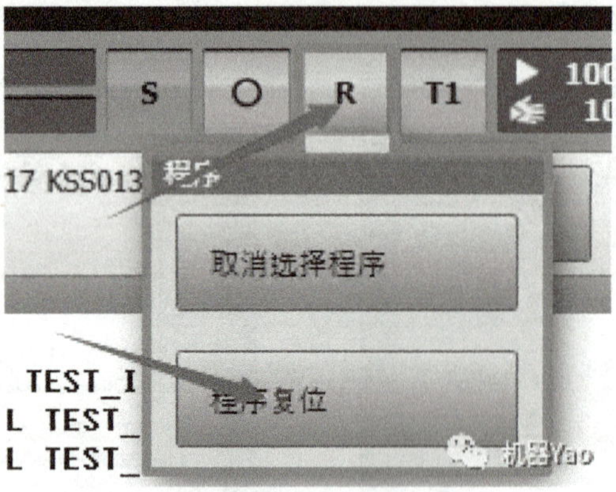

图 3-87 单击“R”→“程序复位”

3）将程序运行方式改为 GO，如图 3-88 所示。

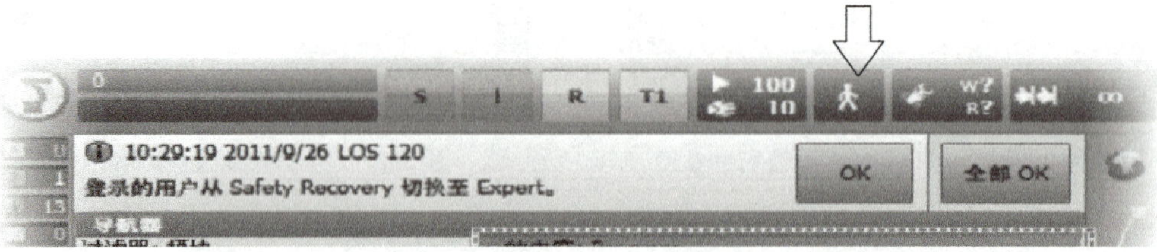

图 3-88 将程序运行方式改为 GO

4）调整机器人程序运行速度，上使能，按住左边的程序启动键即可启动程序。若想跳到某一行开始运行，则单击想跳的位置，当光标在该行后，单击“语句行选择”即可跳行，如图 3-89 所示。

5）结束后单击“R”→“取消选择程序”即可退出，如图 3-90 所示。

二、自动运行程序操作

1）转动管理器开关，选择 AUT 或 EXT 模式。如果选择 EXT 模式，启动信号将由上位机（PLC）提供。

2）选定程序，若已选定，可以单击“R”→“程序复位”，如图 3-87 所示。

3）将程序运行方式改为 GO。

4）调整机器人程序运行速度，上使能（单击图 3-91 所示的箭头处，可以实现使能的手动开关），按一下程序启动键即可启动程序。

3.2.4 机器人位置数据的读取与使用

【相关知识】

工业机器人的位置描述一般采用笛卡儿坐标系和关节坐标系两种方式。

一、笛卡儿坐标系

笛卡儿坐标系就是直角坐标系和斜角坐标系的统称。相交于原点的两条数轴，构成了平

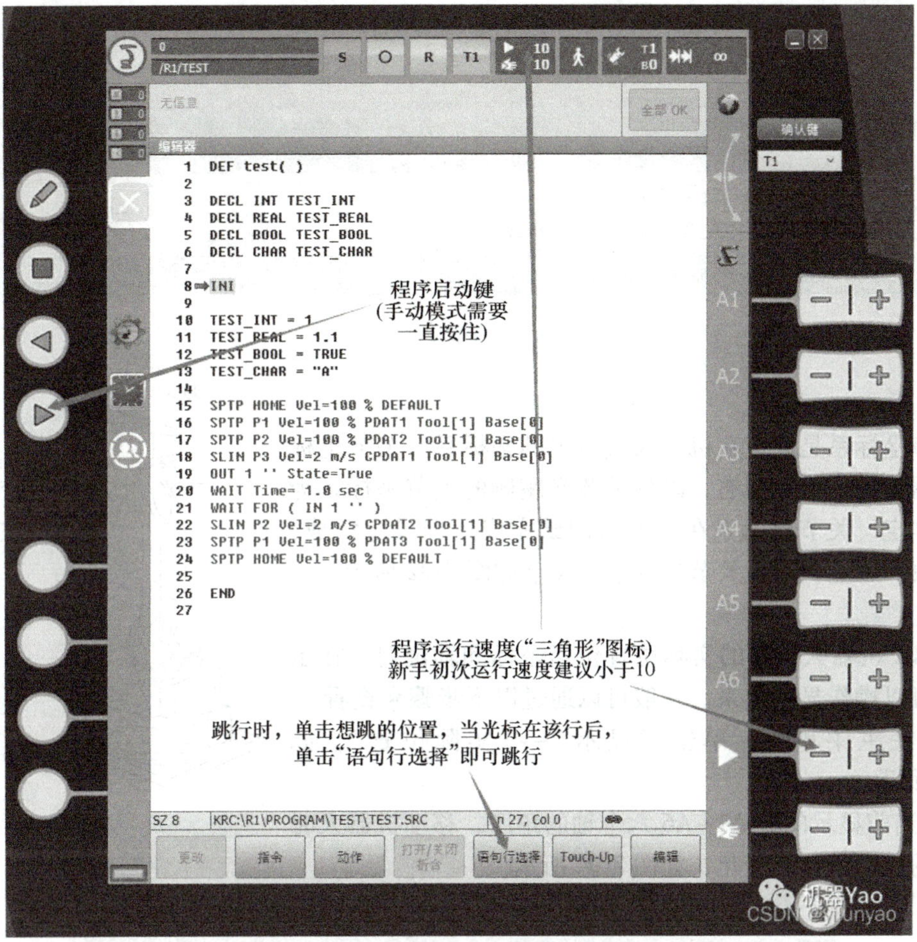

图 3-89　启动程序和跳行操作

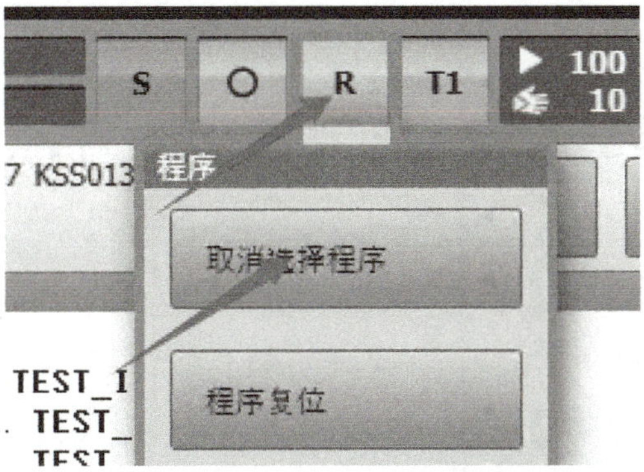

图 3-90　结束后单击"R"→"取消选择程序"

面仿射坐标系。如果两条数轴上的度量单位相等，则称此仿射坐标系为笛卡儿坐标系。在工业机器人上一般采用笛卡儿直角坐标系，选择不同的工具坐标系及基坐标系，会有不同的坐标值。

图 3-91　上使能并启动程序

二、关节坐标系

关节坐标系是设定在机器人关节中的坐标系。关节坐标系中机器人的位置和姿态，以各关节底座侧的关节坐标系为基准而确定。关节坐标系在机器人调试完成后即设定完成，不可更改。工业机器人关节坐标系各关节如图 3-92 所示。

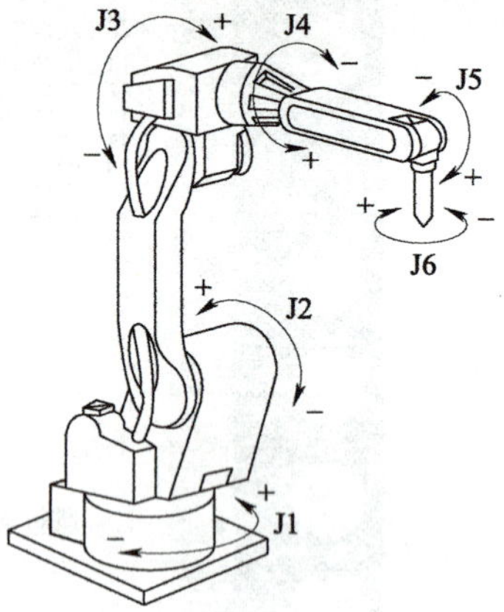

图 3-92　工业机器人关节坐标系各关节

【技能操作】——机器人位置的读取

KUKA 机器人当前的实际位置包括坐标和轴位置，在示教器上可以操作显示出来。一般可以通过以下步骤来查看：

1）在主菜单下，单击“显示”→“实际位置”，如图 3-93 所示。

2）当前显示的是 A1～A6 六个轴的角度，移动机器人时六个轴的显示值也会变化，如图 3-94 所示。

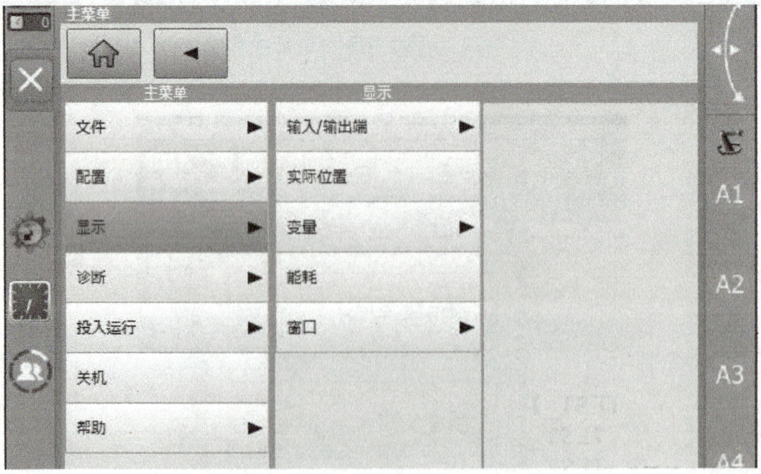

图 3-93　单击“显示”→“实际位置”

3）如果查看坐标系 X、Y、Z 的值，可以单击“笛卡儿式”切换坐标系，如图 3-95 所示。

在调试中，通过以上操作即可查看机器人当前的实际位置。

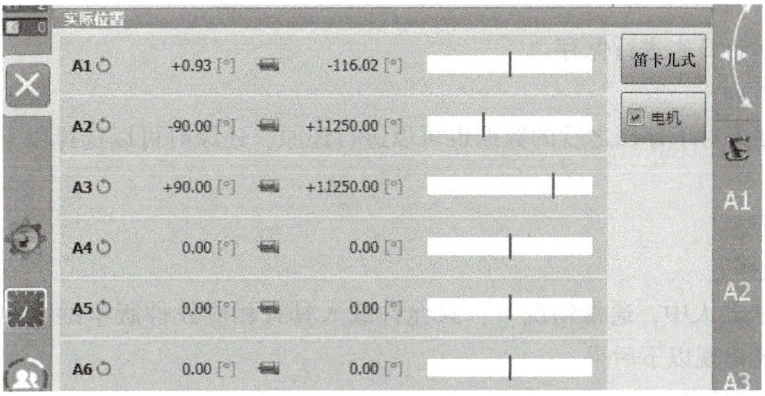

图 3-94　六个轴的显示值

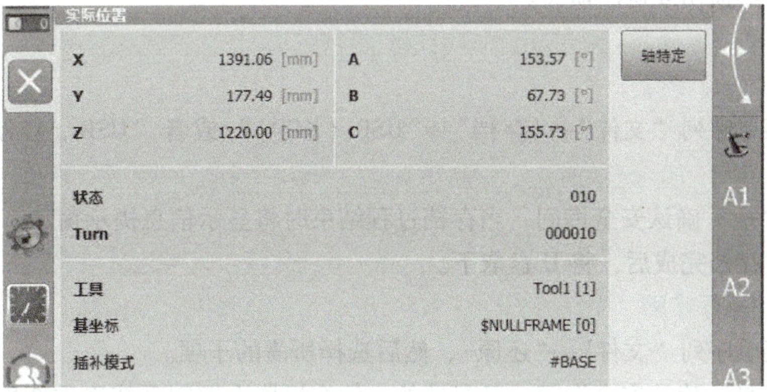

图 3-95　单击“笛卡儿式”切换坐标系

3.2.5　机器人文件的备份与恢复

【相关知识】

工业机器人系统有时会出现错误，导致生产中断，为快速恢复生产，可以将机器人的文件提前进行备份，出现问题后及时恢复。

一、备份途径

1）USB（KCP）——即从示教器上插入 U 盘。

2）USB（控制柜）——即从机器人控制柜上插入 U 盘。

3）网络——即在一个网络路径上存档，所需的网络路径必须在机器人数据下配置。

注意事项：

①如果通过“所有”方式进行存档，并且已有一个档案，则原有档案被覆盖。

②如果没有选择“所有”而选择了其他菜单项或者 KrcDiag 进行存档，并且已有一个档案，则机器人控制系统将机器人名与档案名进行比较，如果两个名称不同，则会弹出一个安全询问。

③如果多次用 KrcDiag 进行存档，则最多能创建 10 个档案，档案再增加时则覆盖最老

的档案。

④可以将运行日志进行保存。

二、还原数据

KUKA 机器人对于存档之后的数据也可以进行还原，还原时可以选择以下菜单项：

1）所有。

2）应用程序。

3）系统数据。

在 KUKA 机器人中，通常情况下，只允许载入具有相应软件版本的文档，如果载入其他文档，则可能出现以下后果：

1）提示故障信息。

2）机器人控制器无法运行。

3）造成人员损伤或财产损失。

【技能操作】

一、存档的操作步骤

1）选择菜单序列“文件”→“存档”→“USB（KCP）”或者“USB（控制柜）”以及所需的选项。

2）单击“是”确认安全询问，当存档过程结束时将显示信息提示窗口。

3）当文件存档完成后，将 U 盘取下。

二、还原的操作步骤

1）选择菜单序列“文件”→“还原”，然后选择所需的子项。

2）单击“是”确认安全询问，已存档的文件在机器人控制系统里重新恢复，当恢复过程结束时，屏幕出现相关消息。

3）如果已从 U 盘完成还原，则拔出 U 盘。

4）重新启动机器人控制系统，为此需要进行一次冷启动。

三、加载机器人程序的步骤

KUKA 机器人除了可以使用自身编辑的程序之外，还可以直接通过 USB 导入由离线编程方式生成的程序代码并运行，具体的操作步骤如下：

1）将机器人设置在“专家”模式下，即可查看外部 USB 上的程序文件。

2）将 USB 上的 . src 文件和 . dat 文件全部复制到机器人 R1 文件夹下。

四、复制文件的步骤

1）选中文件，单击“编辑”按钮，选择“复制”选项。

2）将光标定位在相应的文件夹下，单击“编辑”按钮，选择“添加”选项。

3）以选定方式进入程序编辑器，运行程序。

五、存储数据的步骤

1）菜单项。

2）所有。

3）应用。

4）系统数据。

5）LOG 数据。

6）KrcDiag。

六、备份程序的步骤

1）选中程序文件“XieDuoMain”，如图 3-96 所示。

2）单击“备份”按钮，进行备份并给程序重新命名。

3）单击“打开”按钮，打开备份之后的程序文件，进入程序编辑器进行编辑。

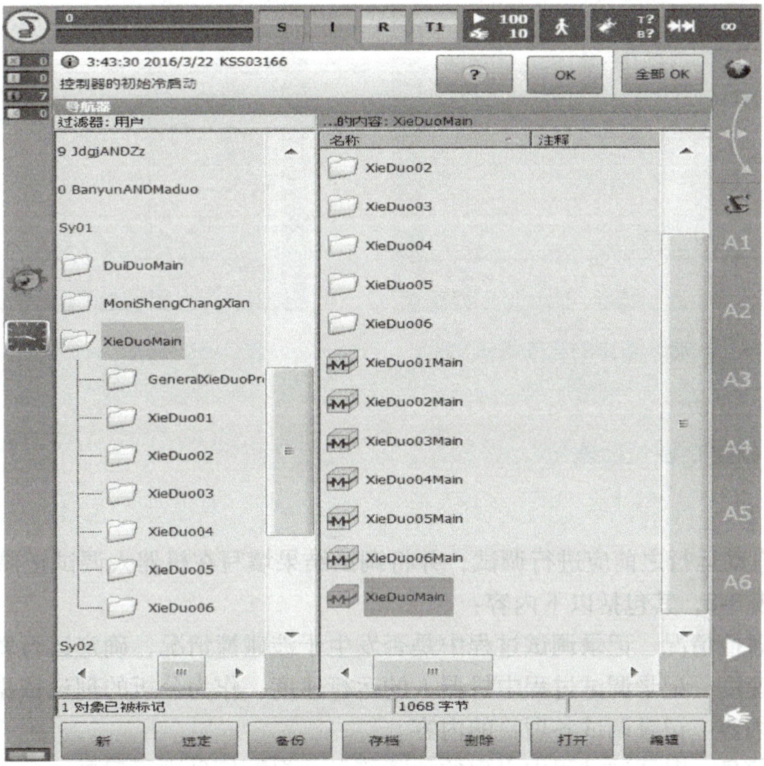

图 3-96　选中程序文件“XieDuoMain”

七、加载外部程序的步骤

1）以 RobotArt 离线编程为例。在 RobotArt 离线编程软件中，生成程序代码并保存至 U 盘，如图 3-97 所示。

2）将 U 盘插入 KUKA 机器人中。

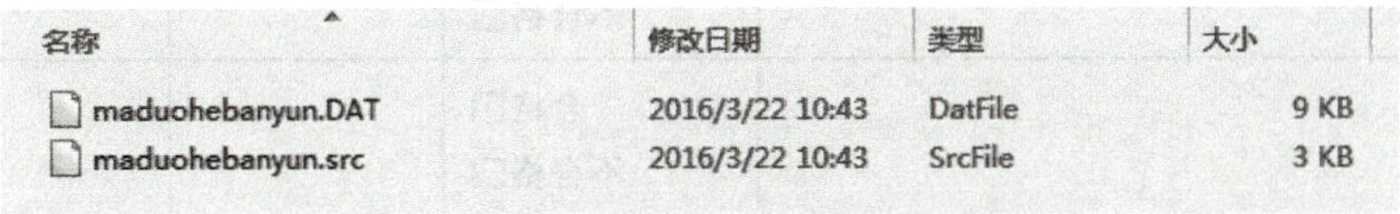

图 3-97　将程序代码保存至 U 盘

3）在专家界面下，找到 U 盘中的程序代码文件，如图 3-98 所示。

4）选中 . src 程序文件，并以“选定”方式打开，进入程序并运行，如图 3-99 所示。

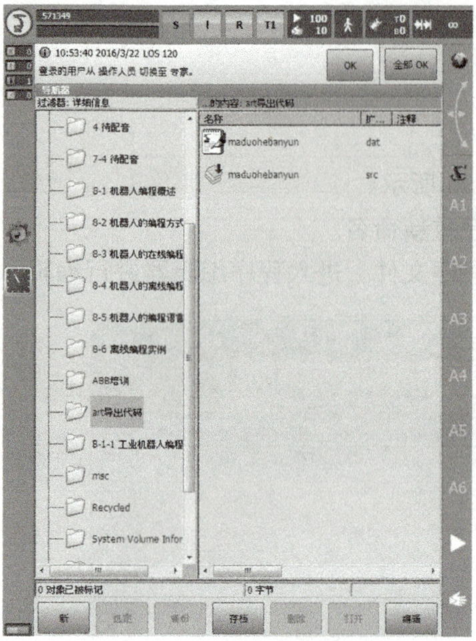

图 3-98 找到 U 盘中的程序代码文件

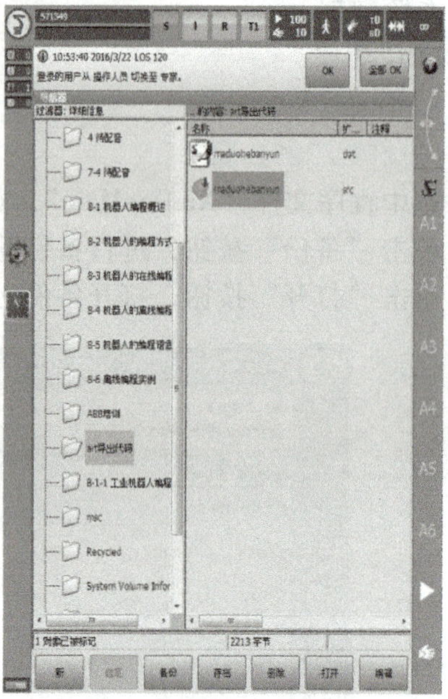

图 3-99 选中 .src 程序文件

3.2.6 机器人调试记录单的填写

【相关知识】

机器人在自动运行之前应进行调试，并将调试结果填写在机器人调试记录单中。机器人调试记录单见表 3-8，其包括以下内容：

（1）干涉碰撞情况 记录调试过程中是否发生干涉碰撞情况，确定运行轨迹的正确性。

（2）运行速度 记录调试过程中机器人的运行速度，作为分析的理论依据。

（3）调试内容 记录调试各项目的内容。

（4）故障信息 对调试过程中出现的故障信息及报警信息进行记录。

表 3-8 机器人调试记录单

项目名称					
调试人员		检验员			
调试内容		检验结果	自检人	检验员	备注
		合格□ 不合格□			
		合格□ 不合格□			
		合格□ 不合格□			
		合格□ 不合格□			

（续）

调试内容		检验结果	自检人	检验员	备注
		合格□ 不合格□			
		合格□ 不合格□			
故障信息：					
机器人型号		运行速度			
干涉碰撞情况					

【技能操作】

某机器人调试记录单样单填写见表 3-9。

表 3-9　某机器人调试记录单样单

项目名称	工业机器人轨迹运行				
调试人员	黄××	检验员	李××		
检验内容		检验结果	自检人	检验员	备注
工业机器人三角形轨迹运行		合格□ 不合格□	黄××	李××	
工业机器人星形轨迹运行		合格□ 不合格□	黄××	李××	
工业机器人圆形轨迹运行		合格□ 不合格□	黄××	李××	
故障信息：无					
机器人型号	KUKA KR6R900	运行速度	0.3m/s		
干涉碰撞情况	无				

3.3　安全操作

3.3.1　机器人安全操作

【相关知识】

一、开机前的检查

1. 检查机器人工作区域是否有人

机器人正常工作区域不允许有其他人员。操作员如果需要到机器人工作区域中工作，应手持 KCP 进入机器人工作区域，机器人必须由指定的人员进行操作。每个班组机器人只允许单人操作，其他人员禁止操作。

2. 检查机器人是否在原点

如果机器人不在原点应执行一次机器人回原点操作。机器人程序分为主程序和子程序。在用户操作界面上可看到名称为“main”的程序文件，此程序文件为主程序文件（操作员只允许打开主程序）。选定名称为“main”的主程序后，箭头光标会指向第一条“INI”语句，如果光标不在第一条语句则需要复位程序。程序复位步骤是：单击“编辑”→“程序复位”。程序复位后按住 KCP 的使能键等待 KCP 左下角的“I”变为绿色后，再按住程序启动键，这时机器人开始运动，在机器人运动过程中要时刻观察机器人是否会碰到其他物体（注意：机器人非正常程序运行包括手动运行，如碰到其他物体都是具有破坏性的），操作员的视线不要离开机器人。如果发现机器人要碰到其他物体应立即停止手动，将机器人移到安全位置后继续回原点，当 KCP 下面的信息提示栏出现“已达 SAK”表示机器人回到了原点。机器人回原点有一定的危险性，所以只允许操作员在 T1 模式下回原点。

3. 自动运行前操作员要观察程序自动运行速度

自动运行前，观察测试最高速度，绝对禁止高于 85%的速度。码垛自动运行的最高速度为 75%。操作员务必注意机器人非正常程序运行碰到东西都是具有破坏性的。

4. 在确保安全的基础上，操作员回到安全区域关好安全防护门

在机器人运行过程中不允许随意打开安全门，如需要到机器人工作区域工作应按下 KCP 伺服断电确保机器人停止运行。这里需要注意的是 KCP 上的“STOP”键和伺服断电键的区别，“STOP”键只是短时间内暂停程序但机器人的伺服并没有断电，因此具有一定的危险性；伺服断电是将机器人的伺服驱动信号关断，因此机器人是不会运行的。在 KCP 的右上角有红色的急停按钮，此按钮仅在急停时使用，如果在没有危险的情况下停车，请勿用急停按钮停止机器人运行，急停停车属于第三级停车，高速运行中的机器人可能因此损伤传动部件。

二、机器人运行注意事项

1）机器人在运行过程中禁止任何人员进入机器人的工作区域。操作员在操作机器人的时候视线不要离开机器人，任何情况下都有可能发生危险，这时候操作员的正确处理会减小很多损失。在保证人身安全的前提下保证设备的安全。发生故障时，必须立即停止机器人的运行。在排除故障之前，必须采取安全措施，杜绝未经许可的重新开机运行，并保证人员和物件不至于受到威胁。

2）机器人的操作要严格执行单人操作。严禁一个班次出现两人及多人操作，操作员不得离开操作岗位，如果生产线上出现任何生产问题或故障应由班组其他成员配合完成。机器人在正常运行过程中没有特殊情况禁止使用急停，急停作为安全保护环节，没有安全危险的情况下禁止使用，以防在日后生产环节中发生安全危险时急停按钮失效。

3）机器人在自动运行过程中禁止转换运行模式。机器人高速运行过程中突然的停止可能会损伤机器人的机械结构，因此机器人运行过程中严禁超速运行，机器人的运行速度百分比是由工程师根据现有机器人程序及机器人运行实际情况所确定的，如需提速需征得公司有关领导的同意并由工程师调试以后来确定上调百分比的幅度，严禁操作员随便提速。

4）机器人程序由工程师编写并且经过多次修改，修改这些程序有一定的危险性。为了

正常的生产效益，操作员不要打开或关闭某个程序，机器人系统中有很多机器人系统程序，程序中有很多运动点，每个点和其他点都有很强的联系。如果修改不慎重，则会出现不同程度的安全事故，轻则损坏机械设备，重则造成人身安全事故。所以操作员务必小心操作。操作员禁止进入专家及管理员模式。

5）严禁在机器人的本体上实施钻孔及其他破坏机器人本体的施工。机器人本体上带有安装孔，如需安装其他设备只需要找到正确的安装位置即可。在不确定故障的情况下，严禁维修人员拆拔机器人上的导线及接头，机器人控制柜里的所有元件禁止自行拆卸。禁止用手直接接触印制电路板，因为人体静电及人体汗液很可能会损坏电路板。机器人在电源关闭以后的一段时间内，内部伺服模块仍有一定的电压，不要打开机器人控制柜。如果机器人出现故障应及时联系厂家，禁止自行维修。

6）机器人回原点有一定的危险性，不是在任何位置机器人都可以直接回原点。机器人会在当前位置和原点位置自动运算出一条轨迹，这条轨迹是不确定的，有可能其他设备就在它所运算的轨迹内，如果这时直接回原点就会撞上其他设备。机器人两点之间的最佳路径不是直线，而是以每个轴运动量最少的方式计算路径，机器人的路径不可人为预先判断。操作员必须在 T1 模式（禁止 T2 及内部自动和外部自动模式）下回原点，操作员的视线在回原点时不要离开机器人，如有危险应立即停止，手动移动机器人到安全位置再继续回原点。

三、机器人相关设备注意事项

1）机器人发生故障后，应对抓手等设备进行严格检查。抓手在生产过程中处于高速运动状态，它的安全至关重要，如果法兰盘的螺钉松动将导致不可预想的重大安全事故。

2）一个生产周期结束后，应检查抓头的损坏情况，如有损坏应及时更换。同时抓手上的所有螺钉、弹簧及可能松动的地方应及时上紧。

3）码垛机器人在一个生产周期结束后，相关人员应及时清理机器人上的灰尘和粘在抓手上的胶带，同时为相关部位添加润滑脂（机器人相关部位有润滑脂加注口）。

4）码垛线停机后应检查抓手手指有无松动和损坏，并检查推手的整体情况。同时对机器人进行正常的维护，如加注润滑脂等。

四、机器人的主程序和后台程序

机器人的运动是有一定条件的，需要和 PLC 交换信号，只有满足了全部条件机器人才能运动。

1）机器人的主程序一般是名称为“main”的程序，除主程序外还有一些子程序，操作员只允许选定并打开主程序。注意 KCP 上选定和打开的区别，选定程序可以执行，但打开程序是不能执行的。

2）机器人某些时候可能后台程序会停止运行，在机器人左下角有三个字母分别有不同的颜色。三个字母分别是“S”“I”“R”，正常情况下 S 是绿色的，如果 S 变成红色或灰色，那么说明后台程序已停止，启动后台程序的步骤：单击“配置”→“提交解释程序”→“启动”；I 在程序运行时为绿色，程序停止时为红色；R 为黄色表示没有执行回原点或没有程序被选中，打开主程序或复位主程序后 R 都是黄色的，执行完回原点会变为红色，这是自动运行的前提条件，程序运行后 R 也会变为绿色。

【技能操作】

一、机器人安全开机顺序

1）检查机器人工作区域是否有人。

2）输送线控制电源。

3）打开机器人控制电源。

4）再次确认机器人工作区域有无其他人员。

二、机器人程序运行

1）确认 KCP 处于 T1 模式。

2）手持 KCP 执行回原点操作。

3）检查机器人的自动运行速度。

4）整理机器人 KCP 控制电缆。

5）检查机器人工作区域有无其他人员。

6）将 KCP 置于内部自动运行模式。

7）给伺服系统通电。

8）启动程序。

中途输送线故障处理：如果停机时间比较短，则按下“STOP”键程序将暂停，处理好故障后再按程序启动键继续运行程序，如果停机时间比较长，应将伺服系统断电后进行故障处理。

三、机器人停机

机器人的停机非常重要，机器人停机首先按下“STOP”键等机器人停止运动后再使伺服系统断电，然后将工作模式变换到 T1 模式并执行一次回原点操作。禁止机器人在自动运行过程中变换工作模式和让伺服系统直接断电停止。机器人停机后必须在 T1 模式下回原点。

3.3.2 机器人及周边设备的急停操作

【相关知识】

某机器人工作站具有以下安全防护装置：防护栏、轴的机械终端挡轴范围限制装置、防护门及具有关闭和监控功能的门触点、外部紧急停止按钮、急停按钮、确认键、调用连接管理器的钥匙开关和内置的 KR C4 安全控制器等，如图 3-100 所示。

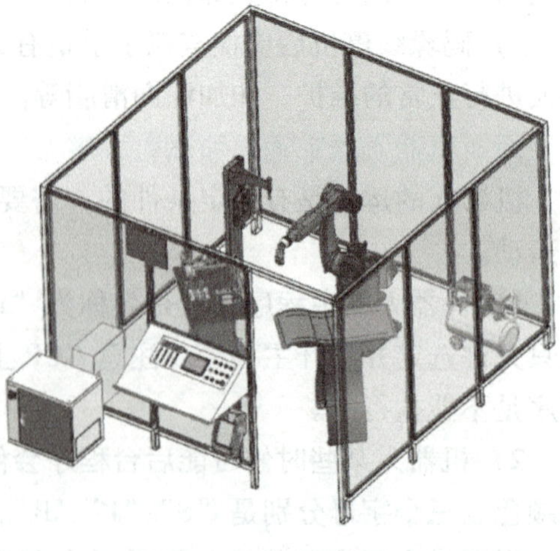

图 3-100 某机器人工作站的安全防护装置

一、防护栏

防护栏的作用是：防止非机器人操作人员或参观人员进入工作范围内，进而造成不必要人员损伤或财产损失；操作员不小心将机器人冲破防护栏对人员造成损伤时，可起到一定的警示作用。防护栏如图 3-101 所示。

二、外部紧急停止按钮

外部紧急停止按钮是除了 KCP（库卡控制面板）上的已有的急停按钮外，客户或供应商通过接口的输入端自行连接的安全按钮，用于在 KCP 已拔出的情况下也有紧急装置可供使用。

急停按钮处于状态 TRUE（未被按下）时，机器人才能被操作，如图 3-17 所示。

三、防护门及具有关闭和监控功能的门触点

具有关闭和监控功能的门触点被安装在防护门上，是防止机器人在自动运行模式下人员误闯进入而设置的安全防护。门触点与控制面板上的安全门确认指示灯及报警指示灯共同组成防护装置，如图 3-102 所示。

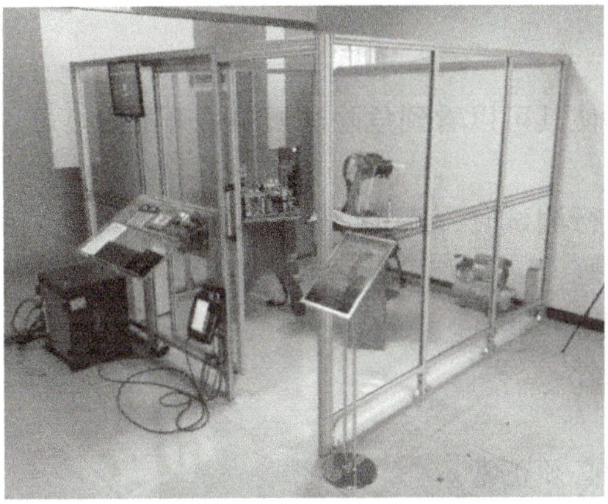

图 3-101　防护栏

图 3-102　具有关闭和监控功能的门触点

防护门关闭，按下安全门确认按钮，指示灯亮起，门触点防护触发。

防护门开启，安全门确认按钮指示灯灭，门触点防护功能被关闭，此时机器人以安全停止 1 方式停机。

四、急停按钮

工业机器人急停按钮位于 KCP 上，在出现危险情况或紧急情况时按下此按钮，机器人会以 STOP1 的方式停止运行。若继续运行，则必须旋转急停按钮以将其解锁，并对停机信息进行确认。急停按钮如图 3-16 所示。

五、轴范围限制装置

工业机器人基本轴 A1 ~ A3 以及手轴 A5 的轴范围均由带缓冲器的机械终端止挡限定，KUKA 机器人除了物理限定轴范围外，还可以通过软限位限定轴范围。

若机器人或附加轴在行驶过程中撞到障碍物、机械终端止挡或轴范围限制处的缓冲器，则会导致机器人系统受损，在机器人系统重新投入运行之前，需联系库卡机器人有限公司进行更换或重新调试。轴范围限制装置如图 3-103 所示。

【技能操作】

一、运行方式的安全提示

1. 手动慢速运行方式（T1）下的安全提示

应尽可能减少在防护装置隔离区域内停留的人数，若需要多个工作人员在防护装置隔离区域内停留，必须注意以下事项：

1）所有人员必须能够不受妨碍地看到机器人系统。

2）必须保证所有人员之间都可以直接看到对方。

a) A1轴机械终端止挡　　b) A2轴机械终端止挡　　c) A3轴机械终端止挡

图 3-103　轴范围限制装置

3）操作人员必须选定一个合适的操作位置，使其可以看到危险区域并避开危险。

2. 手动快速运行方式（T2）下的安全提示

1）只有在必须以大于手动慢速运行的速度进行测试时，才允许使用此运行方式。

2）在这种模式下不得进行示教操作。

3）测试前，操作人员必须确保防护装置的功能完好。

4）操作人员的操作位置必须处于危险区域之外。

3. 自动运行模式下的安全提示

1）必须配备安全防护装置，而且它们的功能必须正常。

2）所有人员应处于由防护装置隔离出的区域之外。

二、安全防护措施

1. 关闭总电源

在进行机器人的安装、维修、保养时，切记要将总电源关闭。带电作业可能会产生致命的后果，若不慎遭高压电击，可能会导致心跳停止、烧伤或其他严重伤害。

2. 与机器人保持足够的安全距离

在调试与运行机器人时，它可能会执行一些意外的或不规范的运动，并且所有的运动都会产生很大的力量，从而严重伤害个人或损坏机器人工作范围内的任何设备，所以应时刻警惕与机器人保持足够的安全距离。

3. 在紧急情况下脱离控制系统移动机器人

在发生特殊情况或紧急情况时（如解救人员），可借助自由旋转装置（见图 3-104）移动机器人，从而达到排除危险的目的。

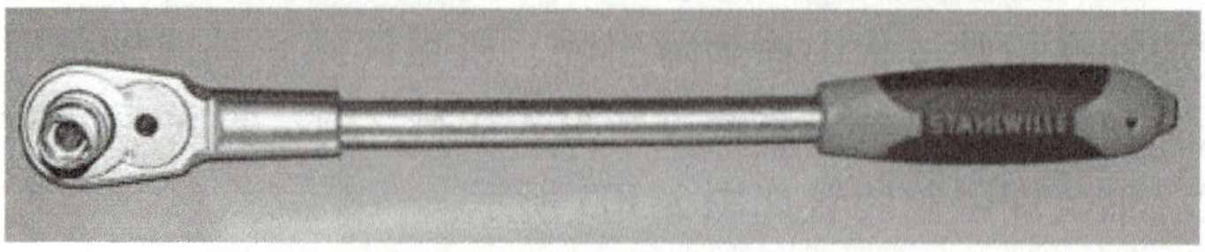

图 3-104　自由旋转装置

自由旋转装置可用于基轴驱动电动机，视机器人类型而定，也可用于手轴驱动电动机。如果使用自由旋转装置，则必须确保制动器功能正常。为此需执行制动测试，如果没有通过测试，则需要更换电动机；如果不能提供控制系统的制动测试或无法进行测试，则更换相应的电动机。

在使用自由旋转装置移动轴时，可能会损坏电动机制动器，故只允许紧急情况下使用，并在使用后更换相应的电动机。

以轴 A2 上的电动机为例，使用自由旋转装置的操作步骤如图 3-105 所示。

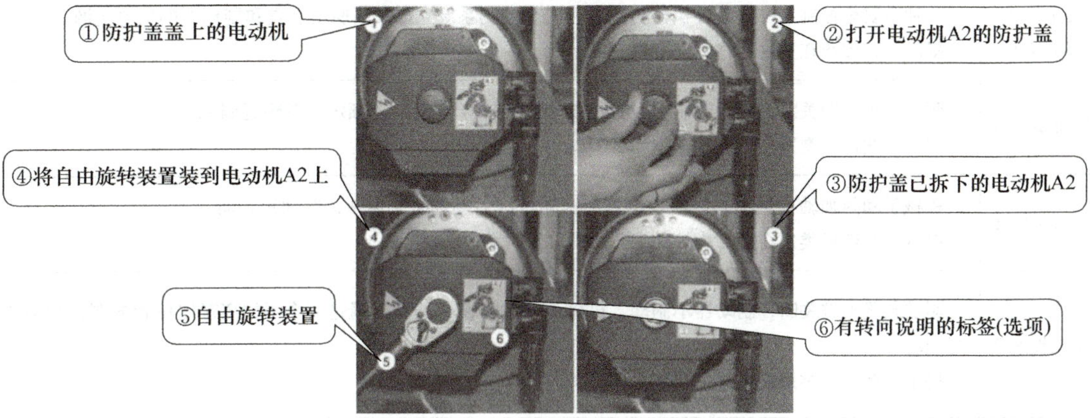

图 3-105　使用自由旋转装置的操作步骤

3.3.3　机器人安全运行机制

【相关知识】

一、安全停止类型

工业机器人会在操作或在监控和出现故障信息时做出停机反应。机器人的停机类别见表 3-10。

表 3-10　机器人的停机类别

概念	说　明
安全运行停止	安全运行停止是一种停机监控。它不停止机器人运动，而是监控机器人轴是否静止。如果机器人轴在安全运行停止时运动，则安全运行停止触发安全停止 STOP0 安全运行停止也可由外部触发 如果安全运行停止被触发，则机器人控制系统会给现场总线的一个输出端赋值。如果在触发安全运行停止时不是所有的轴都停止，并以此触发了安全停止 STOP0，则也会给该输出端赋值
安全停止 STOP1	一种由安全控制系统触发并监控的停止。该制动过程由机器人控制系统中与安全无关的部件执行并由安全控制系统监控。一旦机械手静止下来，安全控制系统就关断驱动装置和制动器的供电电源 如果安全停止 STOP1 被触发，则机器人控制系统会给现场总线的一个输出端赋值 安全停止 STOP1 也可由外部触发 提示：该停止在文件中称为安全停止 1
安全停止 STOP2	一种由安全控制系统触发并监控的停止。该制动过程由机器人控制系统中与安全无关的部件执行并由安全控制系统监控。驱动装置保持接通状态，制动器则保持松开状态。一旦机械手停止下来，安全运行停止即被触发 如果安全停止 STOP2 被触发，则机器人控制系统会给现场总线的一个输出端赋值 安全停止 STOP2 也可由外部触发 提示：该停止在文件中称为安全停止 2

（续）

概念	说　明
安全停止 STOP0	一种由安全控制系统触发并执行的停止。安全控制系统立即关断驱动装置和制动器的供电电源 提示：该停止在文件中称为安全停止 0
停机类别 0	驱动装置立即关断，制动器制动。机械手和附加轴（选项）在额定位置附近制动 提示：此停机类别在文件中被称为 STOP0
停机类别 1	机械手和附加轴（选项）在额定位置上制动。1s 后驱动装置关断，制动器制动 提示：此停机类别在文件中被称为 STOP1
停机类别 2	驱动装置不被关断，制动器不制动。机械手及附加轴（选项）通过一个不偏离额定位置的制动斜坡进行制动 提示：此停机类别在文件中被称为 STOP2

二、机器人停机反应与所设定的运行方式的关系

机器人停机反应与所设定的运行方式的关系见表 3-11。

表 3-11　机器人停机反应与所设定的运行方式的关系

触发因素	T1、T2	AUT、EXT
启动键被松开	STOP2	—
按下停机键	STOP2	
驱动装置关机	STOP1	
输入端无“运动许可”	STOP2	
关闭机器人控制系统（断电）	STOP0	
机器人控制系统内与安全无关的部件出现内部故障	STOP0 或 STOP1（取决于故障原因）	
运行期间工作模式被切换	安全停止 2	
打开防护门（操作人员防护装置）	—	安全停止 1
松开确认键	安全停止 2	—
持续按住确认键或出现故障	安全停止 1	—
按下急停按钮	安全停止 1	
安全控制系统或安全控制系统外围设备中的故障	安全停止 0	

【技能操作】

以下是工业机器人相关的一些安全标准：

1）GB/T 38244—2019《机器人安全总则》。

2）GB/T 5226.1—2019《机械电气安全　机械电气设备　第 1 部分：通用技术条件》。

3）GB 11291.1—2011《工业环境用机器人　安全要求　第 1 部分：机器人》。

4）GB 11291.2—2013《机器人与机器人装备　工业机器人的安全要求　第 2 部分：机器人系统与集成》。

5）GB/T 20867—2007《工业机器人　安全实施规范》。

下面列举一些经常使用到的安全标准内容。

一、《机器人安全总则》中第七条——控制系统安全

1. 通则

与机器人安全相关的控制系统（电气、液压、气动、软件）及部件应满足以下要求：

1）任何部件的单个故障不应导致安全功能的丧失。

2）只要合理可行，单个故障应在提出下一项功能需求之时或之前被检测到。

3）出现单个故障时，始终具有安全功能，且安全状态应维持到出现的故障已得到解决。

4）所有可合理预见的故障应被检测到。

5）检测出的故障在解决之前，机器人应保持安全状态。

6）确保安全控制系统的所有装置正常运行后，机器人方可运行。

应按 GB/T 16855.1 或者 GB 28526 规定的方法确定控制系统的性能等级。

2. 控制电路和控制功能

控制电路和控制功能应符合以下要求：

1）控制功能应包含但不限于启动、停止、急停、操作模式、安全功能装置（双手控制、使动、止动等）。

2）保护性联锁应确保危险发生时，机器人安全停机；危险解除前其“遮蔽”的危险的机器人功能不能执行。

3）应能避免接地故障、电压中断、电路连续性以及干扰引起的功能失常。

4）失效时的控制功能应包含但不限于使用经验证元件和经验证的技术、监控、冗余/多样性。

5）对控制电路执行的每一项安全功能应进行评估，宜确定机器人的具体安全功能提供怎样的风险降低水平，依次确定执行该安全功能的控制电路所要求的置信度等级。

6）控制电路执行的安全功能信息应包括安全功能名称、功能的描述，按 GB/T 16855.1 要求的性能等级或/和按 GB 28526 要求的安全完整性等级。

3. 急停功能

机器人的失控会对周围人或环境造成伤害时应设置一个手动启动的急停功能。该急停功能应满足以下要求：

1）应符合 GB/T 5226.1 中的相关要求。

2）优先于机器人的其他控制。

3）中止所有的危险。

4）切断机器人驱动器的驱动源（飞行相关机器人不适用）。

5）消除可由机器人控制的任何其他危险。

6）保持有效直至复位。

7）只能手动复位，复位后不会自动重启。

8）应依据 GB/T 5226.1 中相关要求选择类别 0、类别 1、类别 2 的停止功能。

9）急停输出信号在撤除机器人动力后应一直有效。

急停装置应符合 GB/T 5226.1 和 GB/T 16754 中的设计要求。针对不同种类的机器人的急停装置应制定不同的性能等级。

4. 保护性停止

机器人应具有一个或多个保护性停止电路，可用来连接外部保护装置。此停止电路应通过停止机器人所有运动、撤除机器人驱动器的动力、中止可由机器人系统控制的任何其他危险等方式来控制安全防护的危险。停止功能可由手动或控制逻辑启动。

5. 速度控制

速度控制应满足以下要求：

1）危险评估应确定机器人的安全相关的速度范围，超出这个范围可能对机器人或周围人员造成伤害。

2）应在机器人可接触的移动部分进行速度监测，只有有权限的人可调节允许最大速度值。控制机器人的速度以确保其移动速度不超过安全相关的速度限制。

3）设计安全相关的速度控制以避免发生故障，应有超速报警。

6. 力控制

与安全相关的力控制应通过安全相关的接触传感器（如力传感器等）或其他控制方式来实现，使机器人接触力不能超出极限。应至少满足以下要求：

1）接触力的反应足够快，使力保持在安全的力限制范围内。

2）在发生接触事故后，应避免对人或设备造成伤害。

二、《工业机器人　安全实施规范》中第六条——机器人系统的安全防护和设计

1. 机器人系统的设计

（1）概要　在设计和布置机器人系统时，为使操作员、编程员和维修人员能得到恰当地安全防护，应按照机器人制造厂的规范进行。为确保机器人及其系统与预期的运行状态相一致，则应评价分析所有的环境条件，包括爆炸性混合物、腐蚀情况、湿度、污染、温度、电磁干扰（EMI）、射频干扰（RFI）和振动等是否符合要求，否则应采取相应的措施。

（2）安全防护空间　安全防护空间是由机器人外围的安全防护装置（如栅栏等）所组成的空间。安全防护空间的大小是通过风险评价来确定超出机器人限定空间而需要增加的空间。一般应考虑当机器人在作业过程中，所有人员身体的各部分应不能接触到机器人运动部件和末端执行器或工件的运动范围。

（3）机器人系统的布局

1）控制装置的机柜宜安装在安全防护空间外。这可使操作员在安全防护空间外进行操作、启动机器人运动完成工作任务，并且在此位置上操作员应具有开阔的视野，能观察到机器人运行情况及是否有其他人员处于安全防护空间内。若控制装置被安装在安全防护空间内，则其位置和固定方式应满足在安全防护空间内各类人员安全性的要求。

2）机器人系统的布置应避免机器人运动部件和与机器人作业无关的周围固定物体和设备（如建筑结构件、共用设施等）之间的挤压和碰撞，应保持有足够的安全间距，一般最少为0.5m。但那些与机器人完成作业任务相关的设备和装置（如物料传送装置、工作台、相关工具台、相关机床等）则不受约束。

3）当要求由机器人系统布局来限定机器人各轴的运动范围时，应按GB/T 20867—2007中5.2.1的要求来设计限定装置，并在使用时进行器件位置的正确调整和可靠固定。

4）在设计末端执行器时，应使其当动力源发生变化或动力消失时，负载不会松脱落下或发生危险；同时，在机器人运动时由负载和末端执行器所生成的静力和动力及力矩应不超

出机器人的负载能力。

5）机器人系统的布置应考虑操作人员进行手动作业时（如零件的上、下料）的安全防护。可通过传送装置、移动工作台、旋转式工作台、滑道推杆、气动和液压传送机构等过渡装置来实现，使手动上、下料的操作人员置身于安全防护空间之外。但这些自动移出或送进的装置不应产生新的危险。

（4）动力断开

1）提供给机器人系统及外围设备的动力源应满足由制造商的规范以及本地区的或国家的电气构成规范要求，并按标准提出的要求进行接地。

2）在设计机器人系统时，应考虑维护和修理的需要，必须具备有能与动力源断开的技术措施。断开必须做到既可见，又能通过检查断开装置操作器的位置而确认，而且能将切断装置锁定在断开位置。切断电器电源的措施应按相应的电气安全标准。机器人系统或其他相关设备动力断开时，应不发生危险。

（5）急停　机器人系统的急停电路应超越其他所有控制，使所有运动停止，并从机器人驱动器上和可能引起危险的其他能源上撤除驱动动力。

1）每台机器人的操作站和其他能控制运动的场合都应设有易于迅速接近的急停装置。

2）机器人系统的急停装置应如机器人控制装置一样，其按钮开关应是掌揿式或蘑菇头式，衬底为黄色的红色按钮，且要求由人工复位。

3）重新启动机器人系统运行时，应在安全防护空间外，按规定的启动步骤进行。

4）若机器人系统中安装有两台机器人，且两台机器人的限定空间具有相互交叉的部分，则其共用的急停电路应能停止系统中两台机器人的运动。

（6）远程控制　当机器人控制系统需要具有远程控制功能时，应采取有效措施防止由其他场所启动机器人运动而产生危险。

具有远程操作的机器人系统，应设置一种装置（如键控开关），以确定在进行本地控制时，任何远程命令均不能引发危险产生。

2. 安全防护装置

根据 GB/T 15706 的定义，安全防护装置是安全装置和防护装置的统称。安全装置是“消除或减小风险的单一装置或与防护装置联用的装置（而不是防护装置）”，如联锁装置、使能装置、握持-运行装置、双手操纵装置、自动停机装置、限位装置等。防护装置是“通过物体障碍方式专门用于提供防护的机器部分。根据其结构，防护装置可以是壳、罩、屏、门、封闭式防护装置等”，如固定式防护装置、活动式防护装置、可调式防护装置、联锁防护装置、带防护锁的联锁防护装置及可控防护装置等。

为了减小已知的危险和保护各类工作人员的安全，在设计机器人系统时，应根据机器人系统的作业任务及各阶段操作过程的需要和风险评价的结果，选择合适的安全防护装置。所选用的安全防护装置应按制造厂的说明进行使用和安装。

（1）机器人系统安全防护装置的作用　安全防护装置应能实现以下功能：

1）防止各操作阶段中与该操作无关的人员进入危险区域。

2）中断引起危险的来源。

3）防止非预期的操作。

4）容纳或接受由于机器人系统作业过程中可能掉落或飞出的物件。

5）控制作业过程中产生的其他危险（如抑制噪声、遮挡激光、屏蔽辐射等）。

（2）机器人系统的安全防护装置　机器人系统的安全防护可采用一种或多种安全防护装置，如：

1）固定式或联锁式防护装置。

2）双手控制装置、使能装置、握持-运行装置、自动停机装置、限位装置等。

3）现场传感安全防护装置，如安全光幕或光屏、安全垫系统、区域扫描安全系统、单路或多路光束等。

（3）固定式防护装置　固定式防护装置应：

1）通过紧固件或焊接将防护装置永久固定在所需的地方。

2）其结构能经受预定的操作力和环境产生的作用力，即应考虑结构的强度与刚度。

3）其构造应不增加任何附加危险（如应尽量减少锐边、尖角、凸起等）。

4）不使用工具就不能移开固定部件。

5）隔板或栅栏底部离走道地面不大于0.3m，高度应不低于1.5m。

除通过与通道相连的联锁门或现场传感装置区域外，应能防止由别处进入安全防护空间。

（4）联锁式防护装置

1）在机器人系统中采用联锁式防护装置时，应考虑以下原则：

①防护装置关闭前，联锁能防止机器人系统自动操作，但防护装置的关闭应不能使机器人进入自动操作方式，而启动机器人进入自动操作应在控制板上谨慎地进行。

②在伤害的风险消除前，具有防护锁定的联锁防护装置处于关闭和锁定状态；或当机器人系统正在工作时，防护装置被打开应给出停止或急停的指令。联锁装置起作用时，若不产生其他危险，则应能从停止位置重新启动机器人运行。

③中断动力源可消除进入安全防护区之前的危险，但如果动力源中断不能立即消除危险，则联锁系统中应含有防护装置的锁定和/或制动系统。

④在进出安全防护空间的联锁门处，应考虑设有防止无意识关闭联锁门的结构或装置（如采用两组以上触点，具有磁性编码的磁性开关等），还应确保所安装的联锁装置的动作在避免了一种危险时，不会引起另外的危险（如使危险物质进入工作区）发生。

2）特殊用途中联锁系统的选择应考虑到风险评价（见GB/T 20867—2007中3.3）。

3）在设计联锁系统时，也应考虑安全失效的情况，即当某个联锁器件发生不可预见的失效时，安全功能应不受影响。即使受影响，机器人系统仍能够保持在安全状态。

（5）现场传感装置　在机器人系统的安全防护中经常使用现场传感装置，设计时应遵循以下原则：

1）现场传感装置的设计和布局应能使传感装置未起作用前人员不能进入且身体各部位不能伸到限定空间内。为了防止人员从现场传感装置旁边绕过进入危险区，要求将现场传感装置与隔栏一起使用。

2）在设计和选择现场传感装置时，应考虑到其作用不受系统所处的任何环境条件的影响。

3）当现场传感装置已起作用时，只要不产生其他危险，可将机器人系统从停止状态重新启动到运行状态。

4）在恢复机器人运动时，应要求撤除传感区域的阻断，此时不应使机器人系统重新启动自动操作。

5）应具有指示现场传感装置正在运行的指示灯，其安装位置应易于观察。可以集成在现场传感装置中，也可以是机器人控制接口的一部分。

3. 警示方式

在机器人系统中，为了引起人们注意潜在危险的存在，应采取必要的警示措施（警示措施包括栅栏或信号器件）。它们是被用于识别通过上述安全防护装置没有阻止的残留风险，但警示措施不应是前面所述安全防护装置的替代品。

（1）警示栅栏　为防止人员意外进入机器人限定空间，应设置警示栅栏。

（2）警示信号　为了给接近或处于危险中的人员提供可识别的视听信号，应设置和安装信号警示装置。在安全防护空间内采用可见的光信号来警告危险时，应有足够多的器件以便人们在接近安全防护空间时能看到光信号。

音响报警装置则应具有比环境噪声分贝级别更高的独特的警示声音。

4. 安全生产规程

应该考虑到机器人系统寿命中的某些阶段（如调试阶段、生产过程转换阶段、清理阶段、维护阶段），设计出完全适用的安全防护装置来防止各种危险是不可能的，且那些安全防护装置也可以被暂停。在这种状态下，应该采用相应的安全生产规程。

5. 安全防护装置的复位

重建联锁门或现场传感装置区域时，其本身应不能重新启动机器人的自动操作。应要求在安全防护空间仔细地动作来重新启动机器人系统。重新启动装置的安装位置，应在安全防护空间内的人员不能够到的地方，且能观察到安全防护空间。

3.4　系统操作与编程调试技能训练实例

技能训练　工业机器人三角形轨迹程序编制及运行

一、训练要求

某工业机器人在安装结束之后，按下示教器上的启动按键，工业机器人能自动抓笔进行轨迹运行（画三角形）。

1）确保操作过程中的人身和设备安全。

2）在机器人系统设置中除了更改校准坐标参数外，不得更改系统中机械参数，否则会出现设备安全故障。

二、工具及器材

根据实际需求，选择工具及器材，见表 3-12。

表 3-12　工具及器材清单

序号	名称	规格	数量	备注
1	KUKA 工业机器人工作站	自制	1	
2	3D 轨迹工作台	自制	1	
3	笔架	自制	1	
4	画笔工具	自制	1	

三、评分标准

评分标准见表 3-13。

表 3-13 评分标准

序号	主要内容	考核要求	评分标准	配分	扣分	得分
1	系统的启动和关闭	1）正确启动设备 2）正确关闭系统	1）未能正确启动扣 2 分 2）关闭系统或操作顺序不正确扣 2 分	4		
2	查看、确认示教器提示报警信息	1）正确打开提示信息 2）确认信息关闭窗口	1）不能打开提示信息查看扣 2.5 分 2）未能关闭窗口扣 2.5 分	5		
3	设置运行方式	扭动钥匙开关，并选择运行模式	未能完成模式选择不得分，切换模式后未扭回钥匙开关扣 3 分	5		
4	坐标系的建立	1）建立工具坐标系 2）建立基坐标系	1）正确建立工具坐标系（5 分） 2）正确建立基坐标系（5 分）	10		
5	示教编程	根据要求使用工业机器人抓取笔完成轨迹运行	1）机器人能抓笔并取出（5 分） 2）机器人能运行到安全点位置（2 分） 3）TCP 能到达 *A* 点位置（图 3-107）（2 分） 4）TCP 能按直线到达 *B* 点位置（2 分） 5）TCP 能按直线到达 *C* 点位置（2 分） 6）机器人完成三角形回到安全点位置（2 分） 7）机器人能把笔放入笔架位置（5 分） 8）机器人回到初始位置（2 分） 9）能够在 T1 手动慢速模式下运行（2 分） 10）能够在 T2 手动快速模式下运行（3 分） 11）能够在 AUTO 自动模式下运行（3 分）	30		
6	职业素养和安全规范	1）现场操作安全保护符合安全规范操作流程 2）劳保鞋、安全手套等安全防护用品穿戴合理 3）遵守考核纪律，尊重考核人员 4）爱惜设备器材，保持工作的整洁	1）操作不符合安全规范操作流程，但未损坏设备，扣 3 分；设备有损坏扣 6 分 2）未正确穿戴安全防护用品，扣 2 分 3）工作场地不整洁，扣 2 分	6		
备注		合计				
		考评员签字	年 月 日			

四、操作步骤

1）打开示教器，建立工具坐标系。

工业机器人首先要在笔架位置进行一个抓笔，由于笔架并非水平放置，而是具有一定的角度，所以要建立工具坐标系和基坐标系，机器人在斜坡位置要会灵活运用工具坐标和基坐标。笔架示意图如图 3-106 所示。

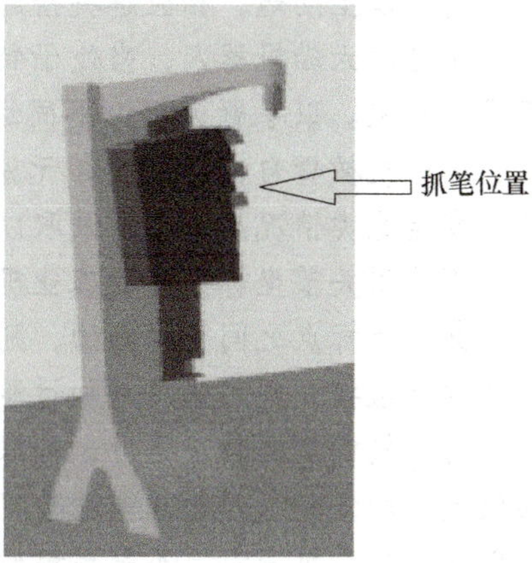

图 3-106　笔架示意图

如图 3-107 所示，工业机器人抓完笔后要在轨迹运行面板上进行三角形轨迹运行编程，从 *A* 点到 *B* 点再回到 *C* 点。

注意：工业机器人要有初始位置。初始位置很关键，否则在运行过程中会有奇异点出现。

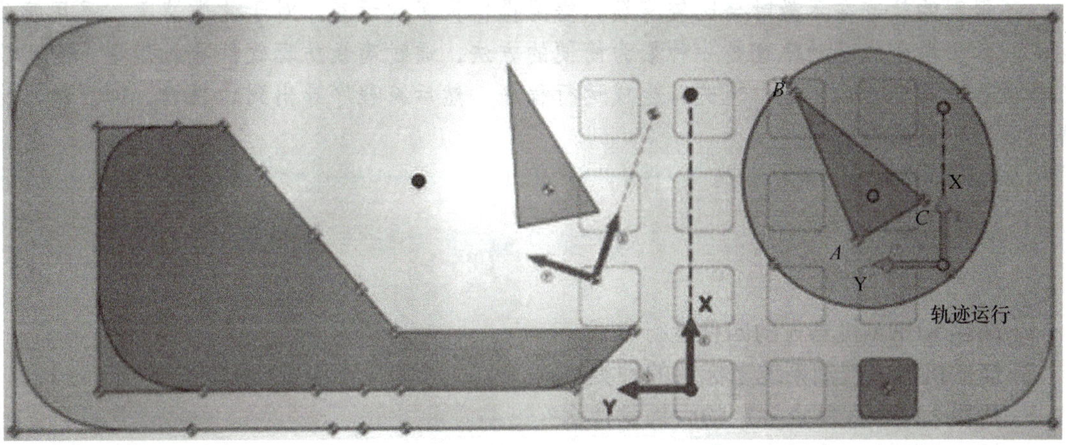

图 3-107　轨迹运行示教点位置示意图

2）在笔架对应位置上建立基坐标系。

3）在示教器上编写程序。

4）准确对示教点进行示教。

5）在 T1 模式下手动慢速运行程序。

6）在 T2 模式下手动快速运行程序。

7）在 AUTO 模式下自动运行程序。

> 小提示
>
> 在工业机器人轨迹运行示教和编程过程中常遇到下列问题：
>
> 1）在工业机器人示教或运行过程中，突然无法控制工业机器人按照预想的方向移动，示教器报警提示接近奇异点。
>
> 2）对于较复杂的轨迹进行编程时，过渡点过多，运行不流畅，并且编程效率低。
>
> 3）对于不规则的轨迹，不易准确完成轨迹运行。

对于以上问题，相应解决措施如下：

常见的六轴机器人，当处于特殊位置姿态时，如第三或第四轴到0°时，偶尔会发生奇异点现象。以手臂为例，不同运动状态下，会有肩部奇异点、肘部奇异点、腕部奇异点，导致机械臂自由度减少，无法实现某些运动，某些关节角速度趋于无穷大，导致失控。发生此类情况后，可以采取以下步骤：

①使用关节坐标系移动工业机器人，使工业机器人改变当前位姿，远离奇异点。

②若目标点之间无障碍物，则可采用关节运行指令完成此次运动。若采用关节运行有可能发生碰撞，则可采用增加过渡点使工业机器人不经过奇异点的方式解决。

对于较简单的轨迹运行，可以采用系统自动生成示教点的方式进行示教，但是如果运动轨迹比较复杂，示教点多次重复使用，则容易记错示教点，导致设备发生碰撞。因此，可以先建立位置变量，不需要精确示教的点位尽量使用偏移指令，这样减少了示教点位的数量，提高了工作效率。

不规则的轨迹在示教时会比较麻烦，需要操作员多次示教。对于此类情况，采用离线仿真软件自动生成运动轨迹是一种最为简便的方法，通过离线仿真软件导入模型，与现实工件位置进行标定后，选中轨迹，生成运行程序，然后将程序导出到示教器，即可精准完成不规则轨迹的运行。

复习思考题

1. 简述 KUKA 机器人的四种运行方式。
2. 简述机器人控制系统坐标系的种类。
3. 机器人轴未经零点标定的后果是什么？
4. 简述机器人零点标定的方法。
5. 简述机器人 IO 信号及设定方法。

模拟试卷样例

一、单项选择题（将正确答案的序号填入括号内；每题 1 分，共 80 分）

1. 在市场经济条件下，职业道德具有（　　）的社会功能。

A. 鼓励人们自由选择职业　　B. 遏制牟利最大化

C. 促进人们行为规范化　　D. 最大限度地克服人们受利益驱动

2. 在企业的经营活动中，下列选项中（　　）不是职业道德功能的表现。

A. 激励作用　　B. 决策能力　　C. 规范行为　　D. 遵纪守法

3. 为了促进企业的规范化发展，需要发挥企业文化的（　　）功能。

A. 娱乐　　B. 主导　　C. 决策　　D. 自律

4. 下列选项中属于职业道德作用的是（　　）。

A. 增强企业的凝聚力　　B. 增强企业的离心力

C. 决定企业的经济效益　　D. 增强企业员工的独立性

5.（　　）能充分表达电气设备和电气元件的用途、作用和工作原理（但不考虑其实际位置），是电气线路安装、调试和维修的理论依据。

A. 展开接线图　　B. 电气原理图　　C. 框图　　D. 平面布置图

6. 热继电器的作用是（　　）。

A. 短路保护　　B. 过载保护　　C. 失电压保护　　D. 零电压保护

7. 液压传动是依靠（　　）来传递运动的。

A. 油液内部的压力　　B. 密封容积的变化　　C. 油液的流动　　D. 活塞的运动

8. 互换性的零件应是（　　）。

A. 相同规格的零件　　B. 不同规格的零件　　C. 相互配合的零件　　D. 不配合的零件

9.（　　）是用于防止电网电压波动或负载变化对输出电压的影响。

A. 稳压电路　　B. 整流电路　　C. 滤波电路　　D. 变压电路

10. 导线截面的选择通常是由（　　）、机械强度、电流密度、电压损失和安全载流量等因素决定的。

A. 磁通密度　　B. 绝缘强度　　C. 发热条件　　D. 电压高低

11. 保护接零就是将 TN 系统中电气设备平时不带电的外露可导电部分与电源的中性线 N 连接起来。凡采用这种保护方式的系统在 IEC 标准中称为（　　）系统。

A. TN-C　　B. TN-S　　C. TN-C-S　　D. TN-S-C

12. 手持电动工具使用时的安全电压为（　　）。

A. 9V　　B. 12V　　C. 24V　　D. 36V

13. 工业机器人是用于从事工业生产，能够自动执行工作指令的（　　）。

A. 电子装置　　B. 电气装置　　C. 机械装置　　D. 控制装置

14. 目前我国 380V/220V 的低压系统采用（　　）接地方式。

A. 中性点不　　B. 中性点直接

C. 中性点间接　　D. 中性点经消弧线圈

15. 与环境污染相近的概念是（　　）。

A. 生态破坏　　B. 电磁辐射污染　　C. 电磁噪声污染　　D. 公害

16. 国家鼓励和支持利用可再生能源和（　　）发电。

A. 磁场能　　B. 机械能　　C. 清洁能源　　D. 化学能

17. 按钮的符号为（　　）。

A. SK　　B. SB　　C. SQ　　D. KM

18. 行程开关的符号为（　　）。

A. SK　　B. SB　　C. SQ　　D. KM

19. 低压断路器俗称（　　）。

A. 熔断器　　B. 总开关　　C. 自动空气开关　　D. 刀开关

20. 接地保护的原理是（　　）漏电设备的对地电压。

A. 提高　　B. 增加　　C. 消除　　D. 限制

21. 接地与保护接零的线路结构（　　）。

A. 相同　　B. 不同　　C. 一样　　D. 类似

22. 工业的大脑指的是（　　）。

A. 触摸屏　　B. PLC　　C. 变频器　　D. 电动机

23. 接零保护适合于电源变压器二次侧（　　）接地的场合。

A. 中性点　　B. 相线　　C. 零线　　D. 外壳

24. 被称为机器人系统中枢的是（　　）。

A. 机械臂　　B. 示教器　　C. 电动机　　D. 控制柜

25. 伺服系统一般包括（　　）、执行环节、检测环节和比较环节。

A. 处理器　　B. 输入输出环节　　C. 模拟器　　D. 控制器

26. 可以用于工业机器人力控制的是（　　）。

A. 压力传感器　　B. 光电传感器　　C. 陀螺仪　　D. 加速度传感器

27. 当机器人出现紧急情况时，需要迅速做的第一件事情是（　　）。

A. 按下急停按钮　　B. 拔下机器人的电源

C. 关闭气源　　D. 卸下机器人的夹具

28. 绘制电气原理图时，通常把主电路和辅助电路分开，主电路用粗实线画在辅助电路的左侧或（　　）。

A. 上部　　B. 下部　　C. 右侧　　D. 任意位置

29. 接地电阻测量仪是测量（　　）的装置。

A. 绝缘电阻　　B. 直流电阻　　C. 接地电阻　　D. 接地导线电阻

30. 低压线路中的零线采用的颜色是（　　）。

A. 深蓝色　　B. 淡蓝色　　C. 黄绿双色　　D. 绿色

31. 导线接头连接不紧密，会造成接头（　　）。

A. 发热　　B. 绝缘不够　　C. 不导电　　D. 电阻减小

32. 人体体内电阻约为（　　）Ω。

A. 200　　B. 300　　C. 500　　D. 1700

33. 根据导线共管敷设原则，下列各线路中不得共管敷设的是（　　）。

A. 有联锁关系的电力及控制回路　　B. 用电设备的信号和控制回路

C. 同一照明方式的不同支线　　D. 互为备用的线路

34. 当工业机器人工作时，接近奇异点后报警停止，以下做法错误的是（　　）。

A. 取消报警后，使用关节运动指令离开奇异点

B. 拆掉工业机器人底座螺钉，手动移动工业机器人

C. 修改程序，采用关节运行指令完成此次运动

D. 修改程序，增加过渡点使工业机器人不经过奇异点

35. 工业机器人是用于从事工业生产，能够自动执行工作指令的机械装置，以下（　　）不属于工业机器人的主要组成部分。

A. 仿生机械结构　　B. 定位关节　　C. 电动机　　D. 控制系统

36. 一般来说，工业机器人控制系统硬件结构的构成方案不包括（　　）。

A. 嵌入式控制　　B. 基于 PLC 的运动控制

C. 纯 PC 控制　　D. 基于 PC 和运动控制卡的运动控制

37. 工业机器人按功能分为搬运、装配和（　　）。

A. 焊接　　B. 喷漆　　C. 检查　　D. 以上都是

38. 工业机器人按控制方式分为操作机器人、程序机器人和（　　）。

A. 示教再现机器人　　B. 智能机器人　　C. 综合机器人　　D. 以上都是

39. 第三代工业机器人称为（　　）。

A. 示教再现机器人　　B. 智能机器人　　C. 感知机器人　　D. 仿生机器人

40. 1978 年，美国优尼美逊公司推出通用工业机器人（　　），标志着工业机器人技术已经成熟。

A. 优尼梅特（Unimate）　　B. 普玛（PUMA）

C. 沃萨特兰（Versatran）　　D. 沙基（Shakey）

41. 工业机器人的控制系统具有与运动学及动力学原理密切相关、（　　）的特点。

A. 计算机控制系统　　B. 非线性　　C. 多变量控制系统　　D. 以上都是

42. 工业机器人的控制系统中，由（　　）承担多个独立伺服系统的协调控制和使机器人按照人的意志行动，甚至赋予机器人人工智能的任务。

A. 计算机　　B. 机械手　　C. 伺服电动机　　D. 机械装置

43. 工业机器人控制系统的主要功能是（　　）功能和运动控制功能。

A. 示教再现　　B. 速度控制　　C. 加速度控制　　D. 位置控制

44.（　　）接头是机器人安全回路接口。

A. X1　　B. X2　　C. X11　　D. X12

45. 工业机器人常用的编程方式是（　　）。

A. 示教编程和离线编程　　B. 示教编程和在线编程

C. 在线编程和离线编程　　D. 示教编程和软件编程

46.（　　）控制柜接口，用于接入库卡示教器 smartPAD。

A. X1　　B. X11　　C. X19　　D. X20

47.（　　）机器人本体接口，用于接入库卡零点校正工具，校正机器人零点。

A. X32　　B. X33　　C. X34　　D. X35

48. KUKA 机器人的操作通过（　　）进行。

A. 手柄　B. 平板电脑　C. 手机　D. 手持操作器

49. 机器人开始执行程序，需要按下的按钮为（　　）。

A. 退步按键　B. 启动按键　C. 步进按键　D. 停止按键

50. KUKA 机器人的运行方式分为手动慢速运行、手动快速运行、自动运行和（　　）四种。

A. 上电自动运行　B. 外部自动运行　C. 内部自动运行　D. 自检

51.（　　）是机器人反复定位一个位置产生误差的均值。

A. 工作速度　B. 工作载荷　C. 工作精度　D. 重复精度

52.（　　）是手动慢速运行。

A. T1　B. T2　C. T3　D. T4

53.（　　）是手动快速运行。

A. T1　B. T2　C. T3　D. T4

54. 机器人执行程序时，若要停止该程序的执行，则需按下的按钮为（　　）。

A. 退步按键　B. 启动按键　C. 步进按键　D. 停止按键

55. 当工业机器人发生火灾时，应使用的灭火器类型是（　　）。

A. 干粉灭火器　B. 泡沫灭火器

C. 卤代烷灭火器　D. 二氧化碳灭火器

56. 工业机器人用于切换运动模式的开关被称为（　　）。

A. 预设按钮　B. 用于连接管理器的开关

C. 增量模式开关　D. 选择机械单元按钮

57. 机器人工具接口上的 TCP 点在空间中绕坐标轴做旋转运动，也可以理解为机器人绕着工具 TCP 点做姿态调整运动被称为（　　）。

A. 单轴运动　B. 线性运动　C. 重定位运动　D. 圆周运动

58. 机器人执行程序时，后退至上一条指令，需要按下的按钮为（　　）。

A. 退步按键　B. 启动按键　C. 步进按键　D. 停止按键

59.（　　）又称为大地坐标系或绝对坐标系。

A. 世界坐标系　B. 基坐标系　C. 工具坐标系　D. 轴坐标系

60. 工业机器人设备上有急停开关，开关颜色为（　　）。

A. 红色　B. 绿色　C. 蓝色　D. 黑色

61.（　　）又称为机座坐标系，位于机器人机座。

A. 世界坐标系　B. 基坐标系　C. 工具坐标系　D. 轴坐标系

62.（　　）是指每次机器人定位一个位置所产生的误差。

A. 工作速度　B. 工作负荷　C. 工作精度　D. 重复精度

63. 六轴机器人的工作速度指的是机器人在合理的工作负荷下匀速运动时机械接口中心或者工具中心点在单位时间内转动的角速度或者移动的距离，其中机械接口中心是指（　　）。

A. 底座四个螺栓孔对角线的交点

B. 第六轴法兰盘中心位置

C. 既是底座四个螺栓孔对角线的交点，也是第六轴法兰盘中心位置

D. 既不是底座四个螺栓孔对角线的交点，也不是第六轴法兰盘中心位置

64. 机器人在运行过程中禁止（　　）进入机器人的工作区域。

A. 管理人员　　B. 操作员　　C. 任何人员　　D. 学生

65. 操作员在操作机器人的时候视线（　　）机器人。

A. 可以短时离开　　B. 可以离开　　C. 不要离开　　D. 不能眨眼

66. 发生故障时，必须立即停止机器人的运行。在排除故障之前，必须采取（　　），杜绝未经许可的重新开机运行，并保证人员和物件不至于受到威胁。

A. 隔离措施　　B. 安全措施　　C. 断电措施　　D. 带电操作

67. 工业机器人的手部也称为（　　），是连接在 J6 轴的末端法兰上的工具。

A. 爪部　　B. 手抓　　C. 工具　　D. 末端执行器

68. 工业机器人的末端执行器由（　　）和手指三部分组成，是一个独立的部件。

A. 驱动机构、执行机构　　B. 传动机构、执行机构

C. 驱动机构、传动机构　　D. 传动机构、动力机构

69. 机械式夹持器按照夹取东西的方式不同，分为（　　）两种。

A. 内夹式夹持器和外撑式夹持器　　B. 内撑式夹持器和外夹式夹持器

C. 内夹式夹持器和外夹式夹持器　　D. 内撑式夹持器和外撑式夹持器

70. 常见机器人手部分为（　　）三类。

A. 机械式夹持器、吸附式执行器、专用工具

B. 电磁式夹持器、吸附式执行器、通用工具

C. 通用工具、吸附工具、专用工具

D. 磁吸式执行器、气吸式执行器、专用工具

71. 机器人吸附式执行器分为（　　）。

A. 机械式夹持器、专用工具　　B. 磁吸式执行器、电吸式执行器

C. 磁吸式执行器、气吸式执行器　　D. 电吸式执行器、气吸式执行器

72. 机器人气吸式执行器又可分为（　　）三类。

A. 真空气吸、喷气式负压气吸、吸气式负压气吸

B. 真空气吸、吸气式负压气吸、挤压排气负压气吸

C. 喷气式负压气吸、吸气式负压气吸、挤压排气负压气吸

D. 真空气吸、喷气式负压气吸、挤压排气负压气吸

73. 谐波减速器的结构组成是（　　）。

A. 刚轮、软轮、波发生器　　B. 硬轮、柔轮、波发生器

C. 刚轮、柔轮、波发生器　　D. 硬轮、软轮、波发生器

74. 机器人的操作要严格执行单人操作，严禁一个班次出现（　　）操作。

A. 2 人　　B. 3 人　　C. 多人　　D. 以上都对

75. 机器人在外部自动及内部自动运行过程中（　　）转换运行模式。

A. 会自动　　B. 不允许　　C. 禁止　　D. 不能手动

76. 机器人高速运行过程中突然的停止可能会损伤机器人的（　　）。

A. 保险　　B. 机械结构　　C. 气路连接　　D. 执行机构

77. 机器人的运行速度百分比是由工程师根据现有机器人程序及机器人（　　）所确定的。

A. 运行实际情况　B. 机械强度　C. 价格　D. 反应速度

78. 机器人回原点有一定的危险性，（　）机器人都可以直接回原点的。

A. 任何位置　B. 不是在任何位置　C. 放慢速度　D. 自动模式

79. 机器人两点之间的最佳路径不是（　），而是以每个轴运动量最少的方式计算路径。

A. 轨迹逼近　B. PTP　C. 圆弧　D. 直线

80. 自动运行前，观察的测试最高速度为（　），绝对禁止高于（　）的速度。码垛的自动运行最高速度为75%。

A. 80%　B. 85%　C. 90%　D. 100%

二、判断题（正确的画“√”，错误的画“×”；每题1分，共20分）

81.（　）职业活动中，每位员工都必须严格执行安全操作规程。

82.（　）在PLC梯形图的每个逻辑行上，并联触点多的电路块应安排在最右边。

83.（　）岗位的质量要求是每个领导干部都必须做到的最基本的岗位工作职责。

84.（　）劳动安全卫生管理制度对未成年工给予了特殊的劳动保护，这其中的未成年工是指年满16周岁未满18周岁的人。

85.（　）常用电工工具主要包括螺钉旋具、尖嘴钳、断线钳、剥线钳、压线钳和验电器等。

86.（　）电器安装时，首先将导轨用螺栓安装固定，然后其他元件如断路器、接触器、接线端子等就可以很方便地安装在导轨上。

87.（　）检查主电路时，如果读到的电阻值为无穷大，说明电路中存在短路故障；如果电阻值为零，说明回路存在断点故障。

88.（　）被测量的测试结果与被测量的实际数值存在的差值称为测量误差。

89.（　）机器人是一种可自由编程并受程序控制的操作机。

90.（　）工业机器人主要由机械部分、传感部分和控制部分组成。

91.（　）工业机器人按结构特征分类有直角坐标机器人、柱面坐标机器人、球面坐标机器人、多关节机器人、并联机器人、双臂机器人和AGV移动机器人等。

92.（　）轨迹逼近具有的优势有：一是由于这些点之间不再需要制动和加速，所以运动系统受到的磨损减少；二是节拍时间得以优化，程序可以更快地运行。

93.（　）如果选择EXT模式，机器人的启动信号将由上位机（PLC）提供。

94.（　）笛卡儿坐标系相交于原点的两条数轴，构成了平面仿射坐标系。

95.（　）轴坐标系在机器人调试完成后就设定完成，可以更改。

96.（　）机器人程序是由工程师编写并且经过多次修改，操作员不要打开或关闭某个程序。

97.（　）机器人系统中有很多机器人系统程序，修改这些程序有一定的危险性。

98.（　）机器人本体上带有安装孔，如需安装其他设备只需要找到安装的位置，严禁在机器人的本体上实施钻孔及其他破坏机器人本体的施工。

99.（　）在不确定故障的情况下，维修人员可以拆拔机器人的所有导线及接头，机器人控制柜里的所有元件可以自行拆卸。

100.（　）不是在任何位置机器人都可以直接回原点的，机器人会在当前位置和原点位置自动运算出一条轨迹，这条轨迹是不确定的，有可能其他设备就在它所运算的轨迹内，如果这时直接回原点就会撞上其他设备。

模拟试卷样例答案

一、单项选择题

1. C	2. B	3. D	4. A	5. B	6. B	7. B	8. A
9. A	10. C	11. A	12. D	13. C	14. C	15. A	16. C
17. B	18. C	19. C	20. C	21. B	22. B	23. A	24. D
25. D	26. A	27. A	28. A	29. C	30. A	31. A	32. B
33. D	34. B	35. B	36. A	37. D	38. D	39. B	40. B
41. D	42. A	43. A	44. A	45. A	46. C	47. A	48. D
49. B	50. B	51. D	52. A	53. B	54. D	55. D	56. B
57. C	58. A	59. A	60. A	61. B	62. C	63. B	64. C
65. C	66. B	67. D	68. C	69. B	70. A	71. C	72. D
73. C	74. D	75. C	76. B	77. A	78. B	79. D	80. B

二、判断题

81. √	82. ×	83. ×	84. √	85. √	86. √	87. ×	88. ×
89. √	90. √	91. √	92. √	93. √	94. √	95. ×	96. √
97. √	98. √	99. ×	100. √				

参 考 文 献

[1] 王建．维修电工：中级［M］．北京：中国电力出版社，2013.

[2] 雷云涛，王建．全国电工技能大赛试题集锦［M］．北京：中国电力出版社，2014.

[3] 王建，刘艳菊，杜新珂．电工：初级、中级［M］．北京：机械工业出版社，2022.

[4] 陈琪，沈涛，覃智广．工业机器人机械装调与维护［M］．北京：中国轻工业出版社，2021.

[5] 韩鸿鸾，刘衍文，刘曙光．KUKA（库卡）工业机器人装调与维修［M］．北京：化学工业出版社，2020.

[6] 北京新奥时代科技有限公司．工业机器人操作与运维实训：中级［M］．北京：电子工业出版社，2019.

[7] 韩鸿鸾，王海军，王鸿亮．KUKA（库卡）工业机器人编程与操作［M］．北京：化学工业出版社，2020.

[8] 姚屏．工业机器人技术基础［M］．北京：机械工业出版社，2020.